高 等 学 校 教 材

电工学实验

姜学勤　马彩青　主编

化学工业出版社
·北京·

内容简介

本书针对高等院校非电类专业电工学课程所涉及的内容，编写了包括直流、交流、三相电路、电动机的控制、动态电路及模拟电子技术和数字电子技术等相关实验。

本书依据教学体系，内容由浅入深地进行安排，精选了 20 个基础实验和 5 个创新设计性实验。基本实验给出了实验电路、实验仪器设备及实验原理、方法及步骤，内容详细而富有条理；设计与仿真实验内容让读者根据要求，自行设计实验方案，独立完成实验。

本书可作为高等院校非电类专业电工学、电工电子学实验课程的教材，也可供相关科研人员参考。

图书在版编目（CIP）数据

电工学实验/姜学勤，马彩青主编 . —北京：化学工业出版社，2023.8

高等学校教材

ISBN 978-7-122-43670-2

Ⅰ.①电…　Ⅱ.①姜…②马…　Ⅲ.①电工实验-高等学校-教材　Ⅳ.①TM-33

中国国家版本馆 CIP 数据核字（2023）第 105222 号

责任编辑：郝英华	加工编辑：吴开亮
责任校对：边　涛	装帧设计：张　辉

出版发行：化学工业出版社（北京市东城区青年湖南街 13 号　邮政编码 100011）

印　　装：大厂聚鑫印刷有限责任公司

787mm×1092mm　1/16　印张 7¾　字数 193 千字　2023 年 10 月北京第 1 版第 1 次印刷

购书咨询：010-64518888　　　　　　　　售后服务：010-64518899

网　　址：http://www.cip.com.cn

凡购买本书，如有缺损质量问题，本社销售中心负责调换。

定　　价：29.00 元

前　言

　　科学实验是检验科学理论的基本手段，是工程技术的基础。作为培养德、智、体、美、劳全面发展的高级工程技术人才的高等工科院校，仅仅培养学生掌握理论知识是远远不够的，更重要的是培养学生具有较强的实验技能和设计创新能力，这样才能适应现代科技不断进步和社会建设的需要。为此，编者团队针对工科院校非电类专业"电工学"课程所涉及的内容，结合多年教学和科研实践经验，理论与实践相结合编写而成本书。

　　为全面贯彻党的二十大"为党育人，为国育才"精神，本书结合产业发展及国家对人才培养的需求，配备了大量实验仪器及电路元器件的图片和使用说明，从实验目的、实验原理、实验方法、数据处理等不同角度讲解实验的基本方法。全书共分为5章，第1章介绍了实验的目的要求、操作规程、安全及总结。第2章介绍了实验的基础知识，包括元器件、实验装置、仪器及实验数据的处理、误差分析等。第3章和第4章精选了电工电子学20个实验，以备不同专业选用，包括直流、交流、三相电路、电动机的控制、动态电路以及模拟电子和数字电子等相关实验。第5章精选了5个创新设计性实验，使学生能够将自己设计的电路进行仿真，以确认是否达到设计目的，同时让学生能够真正感受到通过自己的设计完成的产品，提高学生的创作兴趣及创新能力。附录中对仿真软件 Multisim 作了介绍。

　　全书由青岛科技大学姜学勤、马彩青主编，王逸隆、高德欣、籍艳老师参加了有关实验项目的编写。

　　由于编者水平有限，本书难免有不妥之处，恳请读者批评指正。

编者
2023 年 6 月

目 录

第 1 章 实验概述

1.1 实验目的

电工学是高等学校非电类专业一门很重要的专业基础课。实验作为该课程的重要教学环节，可以做到理论联系实际，加深对课堂知识的理解，对于提高学生研究问题和解决问题的能力，培养学生的创新能力和协作精神具有重要作用。

通过电工实验，学生可得到电路基本实践技能训练，学会运用所学理论知识判断和解决实际问题，加深对电路理论的理解和认识；学会使用常用电工仪表及相关的仪器设备；学会使用设计与仿真软件 Multisim 进行电路设计与仿真；能根据要求正确连接实验电路，能分析并排除实验中出现的故障；能运用理论知识对实验现象、结果进行分析和处理；能根据要求进行简单电路的设计，并正确选择合适的电路元件及适用的仪器设备。

一个实验效果如何，决定于实验各个环节的完成质量。

1.2 实验课前准备

实验课前准备的第一个环节即实验预习。预习是实验能顺利进行的保证，也有利于提高实验质量和效率。

对于验证性实验，实验课前预习应做到：

① 仔细阅读实验指导书，了解本次实验的主要目的和内容，复习并掌握与实验有关的理论知识。

② 根据给出的实验电路与元件参数，进行必要的理论计算，以便于用理论指导实践。

③ 了解实验中所用仪器仪表的使用方法（包括数据读取），能熟记操作要点。

④ 掌握实验内容的工作原理和测量方法，明确实验过程中应注意的事项。

对于设计性实验，除了以上要求，还应做到：

① 理解实验所提出的任务与要求，阅读有关的技术资料，学习相关理论知识。

② 进行电路方案设计，选择电路元件参数。

③ 使用仿真软件进行电路性能仿真和优化设计，进一步确定所设计的电路原理图和元器件。

④ 拟定实验步骤和测量方法，选择合适的测量仪器，画出必要的数据记录表格备用。

⑤ 写出预习报告（无论验证性实验还是设计性实验）。

1.3 实验操作规程

在完成理论学习、实验课前预习后，就进入实验操作阶段。进行实验操作时要做到：

① 指导老师首先检查学生的预习报告，检查学生是否了解本次实验的目的、内容和方法。预习（报告）通过了，方允许进行实验操作。

② 认真听取指导老师对实验设备、实验过程的讲解，对易出差错的地方加以注意并做

出标记（笔记）。

　　③ 按要求（设计）的实验电路接线。一般先接主电路，后接控制电路；先串联后并联；导线尽量短，少接头，少交叉，简洁明了，便于测量。所有仪器和仪表，都要严格按规定的正确接法接入电路（例如：电流表及功率表的电流线圈一定要串接在电路中，电压表及功率表的电压线圈一定要并接在电路中）。

　　④ 完成电路接线后，要进行复查。对照实验电路图，逐项检查各仪表、设备、元器件连接是否正确，确定无误后，方可通电进行实验。如有异常，立即切断电源，查找故障原因。

　　⑤ 观察现象，测量数据。接通电源后，观察被测量是否合理。若合理，则读取并记录数据。否则应切断电源，查找原因，直至正常。对于指针式仪表，针、影成一线时读数。数字式、指针式仪表都要注意使用合适的量程（并不是量程越大越好，被测量达到量程的 $\frac{2}{3}$ 以上为好），减小误差，并且还要注意单位、小数点位置及指针格数与量程换算（指针式）。量程变换时要切断电源。

　　⑥ 记录所有按要求读取的数据，数据记录（记入表格）要完整、清晰，一目了然。要尊重原始记录，实验后不得涂改。注意培养自己的工程意识。

　　⑦ 本次实验内容全部完成后，可先断电，但暂不拆线，将实验数据结果交指导老师检查无误后，方可拆线。整理好导线、仪器、仪表及设备，物归原位。

1.4　实验安全

　　① 实验线路必须仔细检查，经指导教师确认无误后方可通电。

　　② 使用仪器要严格遵守操作规程，如有损坏应及时报告，找出原因，并吸取教训和按规定赔偿。

　　③ 实验中，每次改变接线前都应关闭电源。

　　④ 发生事故时，应首先切断电源，保持现场并立即报告指导老师。

1.5　实验总结与报告

　　实验的最后阶段一个环节是实验总结与报告，即对实验数据进行整理，绘制波形和图表，分析实验现象，撰写实验报告。每次实验，每个参与者都要独立完成一份实验报告。撰写实验报告应持严肃认真、实事求是的科学态度。实验结果与理论有较大出入时，不得随意修改实验数据结果，不得用凑数据的方法来向理论靠拢，而要重新进行一次实验，找出引起较大误差的原因，同时用理论知识来解释这种现象。

　　实验报告的格式一般如下：

　　① 实验名称；

　　② 实验目的；

　　③ 实验仪器设备；

　　④ 实验原理；

　　⑤ 实验内容及电路；

　　⑥ 实验数据与计算（图表、曲线要规范，标明坐标物理量及单位符号）；

　　⑦ 实验数据结果分析与结论；

　　⑧ 由实验引发的问题思考及解决方案（探讨）。

第 2 章　实验基础知识

2.1　测量的基本内容

① 电量的测量。如电流、电压、功率的测量。

② 电路参数的测量。如电阻、电容、电感、阻抗、品质因数、等效参数、时间常数、损耗等的测量。

③ 电信号波形参数的测量。如频率、周期、相位、失真度、调幅度、调频指数等的测量。

④ 电路性能的测量。如放大量、衰减量、灵敏度、频率特性等的测量。

⑤ 器件特性的测量。如伏安特性、传输特性、频率特性等。

2.2　常用电路元器件基础知识

2.2.1　电阻器

电阻器是电路元件中应用最广泛的一种，在电子设备中占元件总数的 30% 以上，其质量的好坏对电路工作的稳定性有极大的影响。电阻器的主要用途是稳定和调节电路中的电流和电压，还可用作分流器、分压器和消耗电能的负载等。

（1）电阻器的分类及符号

电阻器分类方法有很多，可以按结构、材料等分类，如图 2-1 所示。

图 2-1　电阻器分类方法

常用电阻器的符号及实物图如图 2-2 所示。

（2）电阻器的型号命名

我国有关标准规定，电阻器的型号命名如表 2-1 所示。

碳膜电阻   柱形贴片电阻   贴片电阻

电阻排   光敏电阻   压敏电阻

(a)   (b)

图 2-2 常用电阻器的符号及实物图

表 2-1 电阻器的型号命名

第一部分		第二部分		第三部分		第四部分
用字母表示主称		用字母表示材料		用数字或字母表示特征		用数字表示序号
符号	意义	符号	意义	符号	意义	
R	电阻器	T	碳膜	1,2	普通	包括：
RP	电位器	P	硼碳膜	3	超高频	额定功率
		U	硅碳膜	4	高阻	阻值
		C	沉积膜	5	高温	允许误差
		H	合成膜	7	精密	精度等级
		I	玻璃釉膜	8	高压	
		J	金属膜	9	特殊	
		Y	氧化膜	G	高功率	
		S	有机实芯	T	可调	
		N	无机实芯	X	小型	
		X	绕线	L	测量用	
		R	热敏	W	微调	
		G	光敏	D	多圈	
		M	压敏			

示例：RJ71-0.125-5.1kⅠ型电阻的命名及含义如下。

这是精密金属膜电阻器，其额定功率为 $\frac{1}{8}$ W，标称电阻值为 5.1kΩ，允许误差为 ±5%。

（3）电阻器的主要性能指标

1）额定功率 电阻器的额定功率是指在规定的环境温度和湿度下，假定周围空气不流通，长期连续负载而不损坏或基本不改变性能的情况下，电阻器上允许消耗的最大功率。当超过额定功率时，电阻器的阻值将发生变化，甚至发热烧毁。为保证安全使用，一般选其额定功率比它在电路中消耗的功率高 1～2 倍。

额定功率分 19 个等级，常用的有 $\frac{1}{20}$W、$\frac{1}{8}$W、$\frac{1}{4}$W、$\frac{1}{2}$W、1W、2W、4W、5W 等。在电路图中，非线性电阻器额定功率的符号表示法如图 2-3 所示。

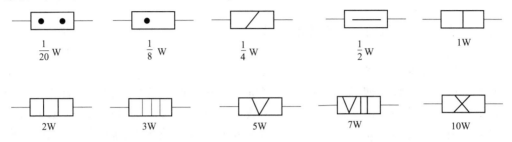

图 2-3 额定功率的符号表示法

2) 标称阻值 标称阻值是产品标注的"名义"阻值，其单位为欧姆（Ω）、千欧（kΩ）、兆欧（MΩ）。

3) 允许误差 允许误差是指电阻器和电位器实际阻值对于标称阻值的最大允许偏差范围，它表示产品的精度。允许误差等级如表 2-2 所示。绕线电位器允许误差一般小于 ±10%，非绕线电位器的允许误差一般小于 ±20%。

表 2-2 允许误差等级

级别	005	01	02	Ⅰ	Ⅱ	Ⅲ
允许误差	±0.5%	±1%	±2%	±5%	±10%	±20%

电阻器的阻值和误差一般都用数字标印在电阻器上，但体积很小的和一些合成的电阻器，其阻值和误差常用色环来表示。在靠近电阻器的一端画有四道或五道（精密电阻）色环，其中第一、二道色环以及精密电阻的第三道色环都表示其相应位数的数字；其后的一道色环则表示前面数字乘以 10 的 n 次幂；最后的色环表示阻值的允许误差。各种颜色所代表的意义如表 2-3 所示。

表 2-3 色环颜色的意义

颜色	黑	棕	红	橙	黄	绿	蓝
代表数值	0	1	2	3	4	5	6
允许误差		F(±1%)	G(±2%)			D(±0.5%)	G(±0.25%)
颜色	紫	灰	白	金	银	本色	
代表数值	7	8	9	10^{-1}	10^{-2}		
允许误差	B(±0.1%)			J(±5%)	K(±10%)	(±20%)	

例如图 2-4(a) 中，电阻器的第一、二、三、四道色环分别为黄、紫、黄、金，则该电阻的阻值为 $R=(4\times10+7)\times10^4\Omega=470\text{k}\Omega$，误差为 ±5%；图 2-4(b) 中，电阻器的第一、二、三、四、五道色环分别为白、黑、黑、金、绿色，则该电阻的阻值为 $R=(9\times100+0\times10+0)\times10^{-1}\Omega=90\Omega$，误差为 ±0.5%。

(4) 电阻器的简单测试

测量电阻的方法有很多，可用欧姆表、电阻电桥和数字欧姆表直接测量，也可根据欧姆定律 $R=U/I$，通过测量流过电阻的电流 I 及电阻上压降 U 来间接测量电阻。

图 2-4 阻值和误差的色环标记

当测量精度要求较高时，采用电阻电桥来测量电阻。电阻电桥有单臂电桥和双臂电桥两种，这里不作详细介绍。

当测量精度要求不高时，可直接用欧姆表测量电阻。现以 MF-20 型万用表为例，介绍测量电阻的方法。首先将万用表的功能选择波段开关置"Ω"挡，量程波段开关置合适挡。将两支测试笔短接，表头指针应在刻度线 0 点；若不在 0 点，则要调节"Ω"旋钮（0Ω 调整电位器）回零。调零后即可把被测电阻串接于两支测试笔之间，此时表头指针偏转，待稳定后可从刻度线上直接读出所示数值，再乘上实验选择的量程，即可得到被测电阻的阻值。当另换一量程时，需要再次短接两支测试笔，重新调零。每换一量程，都要重新调零。

特别指出的是，在测量电阻时，不能用双手同时捏住电阻或测试笔，否则人体电阻将会与被测电阻并联在一起，表头上指示的数值就不单纯是被测电阻的阻值了。

（5）电阻器选用常识

① 根据电子设备的技术指标和具体要求选用电阻的型号和误差等级。

② 为提高设备的可靠性，延长设备的使用寿命，应选用额定功率大于实际消耗功率的 1.5～2 倍的电阻。

③ 电阻装接前要进行测量、核对，尤其是在精密电子仪器设备装配时，还需经人工老化处理，以提高其稳定性。

④ 在装配电子仪器时，若所用非色环电阻，则应将电阻标称值标志朝上，且标志顺序一致，以便于观察。

图 2-5 电阻器的等效电路

⑤ 焊接电阻时，烙铁停留时间不宜过长。

⑥ 选用电阻时应根据电路信号频率的高低来选择。一个电阻可等效成一个 RLC 二端线性网络，如图 2-5 所示。不同类型的电阻，R、L、C 三个参数的大小有很大差异。绕线电阻本身是电感线圈，所以不能用于高频电路中。薄膜电阻中，若电阻体上刻有螺旋槽，其工作频率在 10MHz 左右；未刻螺旋槽的工作频率则更高。

⑦ 电路中如需通过串联或并联电阻获得所需阻值时，应考虑其额定功率。阻值相同的电阻串联或并联，额定功率等于各个电阻额定功率之和。阻值不同的电阻串联时，额定功率取决于高阻值电阻；阻值不同的电阻并联时，额定功率取决于低阻值电阻，且需计算方可应用。

2.2.2 电位器

（1）电位器的表示法

电位器用字母 R_p（RP）表示，电路符号如图 2-6 所示。电位器一般有三个端子：1 和 3 是固定端、2 是滑动端，其阻值可以在一定范围内变化。电位器的标称值是两个固定端的电阻值，滑动端可在两固定端之间的电阻体上滑动，使滑动端与固定端之间的电阻值在标称值范

图 2-6 电位器的
电路符号

围内变化。电位器常用作可变电阻或用于调节电位。

（2）电位器的分类

电位器的种类很多，通常可按其材料、结构特点、调节机构运动方式等进行分类。

按电阻材料划分，可分为绕线和薄膜两种电位器。薄膜电位器又分为小型碳膜电位器、合成碳膜电位器、有机实芯电位器、精密合成膜电位器和多圈合成膜电位器等。绕线电位器额定功率大、噪声小、温度稳定性好，但制作成本较高、阻值范围小、分布电容和分布电感大，一般应用于电子仪器中。薄膜电位器的阻值范围宽，分布电容和分布电感小，但噪声较大、额定功率较小，多应用于家用电器中。

按调节机构的运动方式可分为旋转式和滑动式两种电位器。

按阻值的变化规律可分为线性和非线性电位器。

（3）电位器参数

电位器的参数主要有三项：标称值、额定功率和阻值变化规律。

1）标称值　电位器表面所标的阻值为标称值。标称值是按国家规定标准化了的电阻值系列值，不同精度等级的电位器有不同的标称值系列，见表 2-4。

表 2-4　电位器标称值系列

标称阻值系列	精度	精度等级	电位器标称值
E24	±5%	I	1.0　1.1　1.2　1.3　1.5　1.6　1.8　2.0　2.2　2.4　2.7 3.0　3.3　3.6　3.9　4.3　4.7　5.1　5.6　6.2　6.8　7.5 8.2　9.1
E12	±10%	II	1.0　1.2　1.5　1.8　2.2　2.7　3.3　3.9　4.7　5.6　6.8 8.2
E6	±20%	III	1.0　2.2　3.3　4.7　6.8

使用时可将表中所列数值乘以 10^n（n 为整数），例如，"1.1"包括 1.1Ω、11Ω、110Ω、1.1kΩ、11kΩ、110kΩ 等阻值系列。在电路设计时，计算出的电阻值要尽量选择标称值系列，这样才能选购到所需要的电位器。

2）额定功率　电位器的额定功率是指两个固定端之间允许耗散的最大功率，滑动端与固定端之间所承受的功率要小于额定功率。绕线电位器额定功率（单位：W）系列为：0.25，0.5，1，2，3，5，10，16，25，40，63，100；非绕线电位器功率（单位：W）系列为：0.025，0.05，0.1，0.25，0.5，1，2，3 等。

3）阻值变化规律　电位器的阻值变化规律是指当旋转滑动端时，阻值随之变化的关系。常用的电位器有直线式（X）、对数式（D）和指数式（Z）。其变化规律如图 2-7 所示。

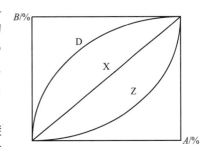

图 2-7　阻值变化规律
A—旋转角度百分比；
B—阻值百分比（以标称阻值为基数）

（4）电位器使用方法

当电位器用作可变电阻时，连接如图 2-8 所示，这时将 2 和 3 连接，调节 2 点位置，1 和 3 端的电阻值会随 2 点的位置而改变。

当电位器用于调节电位时，连接如图 2-9 所示，输入电压 U_i 加在 1 和 3 的两端，改变 2 点的位置，2 点的电位就会随着改变，起到调节电位的作用。

图 2-8　可调电阻　　　　　　　　　　　　图 2-9　电位器

（5）注意事项

① 移动滑动端调节电阻时，用力要轻。

② 对数式电位器和指数式电位器要先粗调，后细调。

2.2.3　电容器

（1）电容的定义

电容器是电工电子电路中常用的器件，它由两个导电极板，中间夹一层绝缘介质构成。当在两个导电极板上加上电压时，电极上就会储存电荷。它是储存电能的器件，主要参数是电容。

电容元件是从实际电容器抽象出来的模型，对于线性非时变的电容，其定义如下

$$C = \frac{q(t)}{u(t)}$$

式中，$q(t)$ 为电容上电荷的瞬时值；$u(t)$ 为电容两端电压的瞬时值。

（2）电容的符号单位

电容用字母 C 表示，基本单位是 F（法拉），辅助单位有 μF（微法，10^{-6}F）、nF（纳法，10^{-9}F）、pF（皮法，10^{-12}F）。常用的有 μF 和 pF。电容的图形符号及实物如图 2-10 所示。

(a) 电容一般符号　　　　陶瓷电容　　陶瓷电容　　色环陶瓷电容　　瓷片电容

(b) 极性电容　　　　　MKP电容　　贴片电容　　钽电容　　电解电容

(c) 实物图

图 2-10　电容器电路符号及实物图

电容器有隔直通交的特点，因此，在电路中通常可完成隔直流、滤波、旁路、信号调谐等功能，在关联参考方向上，其约束关系如下

$$i = C \frac{\mathrm{d}u(t)}{\mathrm{d}t}$$

上式说明，电容电路中的电流与其上电压大小无关，只与电压的变化率有关，故称电容为动态元件。

（3）电容器的分类

电容器按照结构可分为固定电容器、可变电容器和微调电容器，按介质材料可分为有机

介质、无机介质、气体介质和电解质等电容器等。图 2-11 所示为常见的电容器分类方法。

图 2-11　电容器的分类

（4）电容器的主要参数

电容器的主要参数有标称容量、额定工作电压、绝缘电阻及漏电流、介质损耗等。

1）标称容量　电容量是指电容器两端加上电压后储存电荷的能力。标称容量是电容器外表面所标注的电容量，是标准化了的电容值，其数值同电阻器一样，也采用 E24、E12、E6 标称系列。当标称容量范围在 0.1～1μF 时，采用 E6 系列。对于标称容量在 1μF 以上的电容器（多为电解电容器），一般采用表 2-5 所示的标称系列值。

表 2-5　1μF 以上电容器的标称系列值

容量范围	标称系列电容值/μF
>1μF	1　2　4　4.7　6　8　10　15　20　30　47　50　60　80　100

2）额定工作电压　电容器在规定的工作温度范围内长期、可靠地工作所能承受的最高电压为额定工作电压。若工作电压超出这个电压值，电容器就会被击穿损坏。额定工作电压通常指直流电压。常用固定式电容器的直流电压系列值（单位：V）为：1.6，4，6，6.3，10，16，25，32＊，40，50＊，63，100，125＊，160，250，300，400，450＊，500，630，1000（有"＊"号的只限于电解电容器使用）。电解电容器和体积较大的电容器的额定电压值直接标在电容器的外表面上，体积小的只能根据型号判断。

3）绝缘电阻及漏电流　电容器的绝缘电阻是指电容器两极之间的电阻，或叫漏电阻。电解电容的漏电流较大，通常给出漏电流参数；其他类型电容器的漏电流很小，用绝缘电阻表示其绝缘性能。绝缘电阻一般应在数百兆欧姆到数千兆欧姆数量级。

4）介质损耗　介质损耗是指介质缓慢极化和介质导电所引起的损耗。通常用损耗功率和电容器的无功功率之比，即损耗角的正切值表示

$$\tan\delta = \frac{损耗功率}{无功功率}$$

不同介质电容器的 $\tan\delta$ 值相差很大，一般在 $10^{-2}\sim10^{-4}$ 数量级。损耗角大的电容器不适合在高频情况下工作。

（5）电容器的标注方法

电容器的标注方法有直接标注法和色码法。

1）直接标注法　直接标注法是用字母或数字将与电容器有关的参数标注在电容器的表面。对于体积较大的电容器，可标注材料、标称值、单位、允许误差和额定工作电压，或只标注标称容量和额定工作电压；而对体积较小的电容器，则只标注容量和单位，有时只标注容量不标注单位，此时当数字大于 1 时单位为 pF，小于 1 时单位为 μF。

电容器主要参数标注的顺序如下：

第一部分，主称，用字母 C 表示电容；

第二部分，用字母表示介质材料，其对应关系见表 2-6；

第三部分，用字母表示特征；

第四部分，用字母或数字表示，包括品种、尺寸代号、温度特征、直流工作电压、标称值、允许误差、标准代号等。

如 CJX250 0.33±10%，表示金属化纸介质小型电容器，容量为 0.33μF，允许误差±10%，额定工作电压为 250V。

又如 CD25V47μF，表示额定工作电压为 25V、标称容量为 47μF 的铝电解电容。CL 为聚酯（涤纶）电容器，CB 为聚苯乙烯电容器，CBB 为聚丙烯电容器，CC 为高频陶瓷介质电容器，CT 为低频瓷介质电容器等。

表 2-6　电容器的介质材料采用的标注字母

字母	介质材料	字母	介质材料	字母	介质材料
A	钽电解	H	纸膜复合	Q	漆膜
B	聚苯乙烯等非极性有机薄膜	I	玻璃釉	T	低频陶瓷
C	高频陶瓷	J	金属化纸	V	云母纸
D	铝电解	L	聚酯等极性有机薄膜	Y	云母
E	其他材料电解	N	铌电解	Z	纸
G	合金电解	O	玻璃膜		

用数字标注容量有以下几种方法：

① 只标数字，如 4700，300，0.22，0.01，指电容的容量分别是 4700μF，300μF，0.22μF，0.01μF。

② 以 n 为单位，如 10n，100n，4n7，其容量分别是 0.01μF，0.1μF，4700pF。

③ 另一种表示方法是用三位数码表示容量大小，单位是 pF，前两位是有效数字，后一位是零的个数。

例如：102，它的容量为 10×10^{2}pF＝1000pF，读作 1000pF；

103，它的容量为 10×10^{3}pF＝10000pF，读作 0.01μF；

104，它的容量为 100000pF，读作 0.1μF；

332，它的容量为 3300pF，读作 3300pF；

473，它的容量为 47000pF，读作 0.047μF；

第三位数字如果是 9，则乘 10^{-1}，如 339 表示 33×10^{-1}pF＝3.3pF。

由以上可以总结出，直接数字标注法的电容器，其电容量的一般读数原则是：10^4 以下的读 pF，10^4 以上（含 10^4）的读 μF。

2）色码法　电容器的色码法与电阻器相似，各种色码所表示的有效数字和乘数见表 2-3。

电容器的色标一般有三种颜色，从电容器的顶端向引线方向，依次为第一位有效数字环、第二位有效数字环、乘数环，单位为 pF。若两位有效数字的色环是同一种颜色，就涂成一道宽的色环。

（6）电容器的选用

电容器的种类很多，应根据电路的需要，考虑以下因素，合理选用。

1）选用合适的介质　电容器的介质不同，性能差异较大，用途也不完全相同，应根据电容器在电路中的作用及实际电路的要求，合理选用。一般电源滤波、低频耦合、去耦、旁路等，可选用电解电容器；高频电路应选用云母或高频瓷介电容器。聚丙烯电容器可代替云母电容器。

2）标称容量及允许误差　因为电容器在制造中容量控制较难，不同精度的电容器其价格相差较大，所以应根据电路的实际需要选择。对精度要求不高的电路，选用容量相近或容量大些的即可，如旁路、去耦及低频耦合等；但在精度要求高的电路中，应按设计值选用。在确定电容器的容量时，要根据标称系列来选择。

3）额定工作电压　电容器的耐压是一个很重要的参数，在选用时，器件的额定工作电压一定要高于实际电路工作电压的 1～2 倍。但电解电容器是个例外，电路的实际工作电压为电容器额定工作电压的 50%～70%。如果额定工作电压远高于实际电路的电压，会使成本增加。

（7）电容器性能测量

准确测量电容器的容量，需要专用的电容表。有的数字万用表也有电容挡，可以测量电容值。通常可以用模拟万用表的电阻挡，检测电容器的性能好坏。

① 用万用表的电阻挡检测电容器的性能，要选择合适的挡位。大容量的电容器，应选小电阻挡；反之，选大电阻挡。一般 50μF 以上的电容器宜选用 $R\times100$ 或更小的电阻挡，$1\sim50\mu$F 之间用 $R\times1$k 挡；1μF 以下用 $R\times10$k 挡。

② 检测电容器的漏电阻的方法。用万用表的表笔与电容器的两引线接触，随着充电过程结束，指针应回到接近无穷大处，此处的电阻值即为漏电阻。一般电容器的漏电阻为几百兆至几千兆欧姆。测量时，若表针指到或接近欧姆零点，表明电容器内部短路；若指针不动，始终指在无穷处，则表明电容器内部开路或失效。对于容量在 0.1μF 以下的电容器，由于漏电阻接近无穷大，难以分辨，故不能用此方法检查电容器内部是否开路。

2.2.4　电感器及互感器

（1）电感器

电感器又称电感线圈，由绕在磁性或非磁性材料芯子上的导线组成，是一种存储磁场能量的器件。

电感器的种类很多，根据电感系数是否可调，分为固定电感、可调电感；按芯体材料来分，可以分为磁芯电感器和空芯（非磁性材料芯）电感器；按功能分又可分为振荡线圈、耦合线圈、偏转线圈及滤波线圈等。一般低频电感器采用铁芯（铁氧体）或磁芯；而中、高频电感器则采用空芯或高频磁芯，是特制的，如电视机高频调谐器中的电感器。其图形符号及实物如图 2-12 所示。

空芯电感线圈　　　　磁芯电感线圈　　　　磁芯可调电感器

图 2-12　电感器电路符号及实物

电感元件是由实际电感器抽象出来的模型。用于描述电感器特性的主要参数是电感（自感）L。线性定常电感（无铁芯）L 定义为

$$L=\frac{\psi_l}{i_l}=\frac{N\Phi}{i_l}=\frac{\mu N^2 S}{l}\text{（磁链 }\psi_l=N\Phi\propto Li_l\propto i_l\text{）}$$

式中，N 为线圈匝数；Φ，i_l 分别为线圈中磁通和线圈中电流；S，l 分别为线圈横截面积、长度；μ 为材料芯的磁导率。电感 L 反映线圈存储磁场能量的能力，其特性与线圈构造及材料性质有关。另外，还有品质因数 Q、额定电流 I_N、分布电容 C_o 等参数。

品质因数 Q：电感线圈无功功率与有功功率的比值。Q 值越大，功率损耗越小，功率越高，选择性越好。

额定电流 I_N：线圈长时间工作所通过的最大电流。

分布电容 C_o：线圈匝与匝之间、层与层之间、线圈与地、线圈与外壳等的寄生电容。实际电感器等效电路如图 2-13 所示。

图 2-13　实际电感器
等效电路

电（自）感 L 一般直接标注在电感器上，标称误差在 5％～20％之间。电感器的参数可用专用仪器测量，如 Q 表、数字电桥等。用万用表 Ω 挡，通过测量线圈直接电阻 r_o，可大致判断其好坏。一般 r_o 应很小（零点几欧姆至几十欧姆）。当 $r_o=\infty$ 时，表明线圈内部或引出端线已断线。与电阻器、电容器不同的是：电感线圈没有品种齐全的标准产品，特别是一些高频小电感器，通常需要自行设计制作。

（2）互感器

互感器是在同一个芯子上绕制成两组线圈的器件，也可以由两个不同芯子的线圈套在一起构成，这两个互相靠近的线圈会产生相互感应，相互感应的程度用互感 M 表示

$$M_{12}=\frac{\psi_{12}}{i_{L2}}=\frac{N_1\Phi_{12}}{i_{L2}}=M_{21}=\frac{\psi_{21}}{i_{L1}}=\frac{N_2\Phi_{21}}{i_{L1}}$$

式中，ψ_{12}，ψ_{21} 分别为线圈中电流 i_{L2}、i_{L1} 在 N_1（匝数）、N_2 线圈中产生的磁链。

电路符号及实物图如图 2-14 所示。

互感器在电路中起变换电压、变换电流和变换电阻的作用。互感器中两个线圈耦合程度（松、紧）用耦合系数 K 来计算。$K=1$ 为理想的全耦合情况。

图 2-14 电路符号及实物图

$$K=\sqrt{\frac{M^2}{L_1L_2}}=\frac{M}{\sqrt{L_1L_2}}\leqslant1$$

2.3 实验装置介绍

本节所介绍的实验装置为上海宝徕科技开发有限公司生产的电工电子实验装置,如图 2-15 所示。该装置可以实现大学电工电子课程的基础实验和综合设计性实验。具体实验方法流程将在第 3 章、第 4 章中详细阐述,本节主要讨论实验装置的基本模块。

图 2-15 电工电子实验装置

2.3.1 电源

(1)直流电压源

直流电压源是输出恒定直流电压的装置。实验台 SBL-30221095 为直流电压源模块,如图 2-16 所示。其包含一个可调的和两个不可调节的独立直流电压源。左下方不可调直流电压源有红、黑、蓝三个接线孔,中间的黑色接线孔是负极,表示零电位;红蓝接线孔可以分别输出±15V 的电压。直接使用红蓝接线孔可以获得±30V 的电压。右下方的 5V 电压源可以通过红蓝接线孔输出±5V 的电压。右上方为可调的直流电压源,包含一个液晶屏、两个接线孔和一个可调旋钮,调整旋钮可以通过红蓝接线孔输出 1~18V 内所需要的电压,液晶显示器所显示的为实际输出电压值。

（2）直流电流源

直流电流源输出恒定直流电流。图 2-17 所示为实验台 SBL-30111113 直流电流源，包括电源开关 SW，O 为关闭，I 为打开；一个双向开关，可以调节直流电流源输出，量程范围分别为 20mA 和 200mA，电流调节旋钮用来调整输出电流的大小，液晶显示屏显示实际输出值。需要注意的是，与直流电压源不同，直流电流源必须在接入电路后才会有显示，因为在不接任何负载时电流源相当于开路，是无意义的。

图 2-16　直流电压源模块

图 2-17　直流电流源模块

（3）交流电压源

交流电压源输出正弦交流电压。实验模块为 SBL-30741001 和 SBL-32121002（图 2-18）。交流电压源为星形三相四线制三相电源，其中 L1、L2、L3 三个孔表示三根相线（火线），N 为中性线。当黑色旋钮开关合在"1"处（380V 输出）时，380V 电源未经调压器直接输出；当开关合在"2"处（调压输出）时，电源经三相调压器调压后输出；当开关合在"0"处时，无电源输出。实验时，要求开关接在"2"处（调压输出）。

图 2-18　三相四线制三相电源

图 2-18 中的 4 块交流电压表，左侧 3 块显示线电压，右侧 1 块显示 L1-N 的相电压。使用交流电压源前应首先调整电源电压大小，例如若用电器需要电压 220V（有效值），则可旋

转试验台左侧调压器的黑色旋钮，同时观察下侧最右侧电压表，显示 220V 即可。

2.3.2 测量仪表

测量仪表的分类方法有很多种，按仪表的工作原理不同，可分为磁电式、电磁式、电动式、感应式等；按测量对象不同，可分为电流表（安培表）、电压表（伏特表）、功率表（瓦特表）、电度表（千瓦·时表）、欧姆表以及多用途的万用表等；按测量电流种类的不同，可分为单相交流表、直流表、交直流两用表、三相交流表等；按使用性质和装置方法的不同，可分为固定式（开关板式）、携带式；按测量准确度不同，可分为 0.1、0.2、0.5、1.0、1.5、2.5、5.0 共七个等级。

本节介绍几种常用的测量仪表。

（1）电流表与电压表

电流表又称为安培表，用于测量电路中的电流；电压表又称为伏特表，用于测量电路中的电压。按其工作原理的不同，分为磁电式、电磁式、电动式三种类型，其结构分别如图 2-19 所示。

图 2-19 电流表与电压表的结构

磁电式仪表主要由永久磁铁、极靴、铁芯、可动线圈、游丝、指针等组成。其工作原理为：当被测电流流过线圈时，线圈受到磁场力的作用产生电磁转矩绕中心轴转动，带动指针偏转，游丝也发生弹性形变。当线圈偏转的电磁力矩与游丝形变的反作用力矩相平衡时，指针便停在相应位置，在面板刻度标尺上指示出被测数据。

电磁式仪表主要由固定部分和可动部分组成。以排斥型结构为例，固定部分包括圆形的固定线圈和固定于线圈内壁的铁片，可动部分包括固定在转轴上的可动铁片、游丝、指针、阻尼器和零位调整装置。其工作原理为：当固定线圈中有被测电流通过时，线圈电流的磁场使固定铁片和可动铁片同时被磁化，且极性相同而互相排斥，产生转动力矩。固定铁片推动可动铁片运动，可动铁片通过传动轴带动指针偏转。当电磁偏转力矩与游丝形变的反作用力矩相等时，指针停转，面板上指示值即为所测数值。

电动式仪表主要由固定线圈、可动线圈、指针、游丝和空气阻尼器等组成。其工作原理为：当被测电流流过固定线圈时，该电流变化的磁通在可动线圈中产生电磁感应，从而产生感应电流。可动线圈受固定线圈磁场力的作用产生电磁转矩而发生转动，通过转轴带动指针偏转，在刻度板上指出被测数值。

1）交流电流的测量 在测量量程范围内将电流表串入被测电路即可，如图 2-20 所示。实验台 SBL-30121098 交流电流表集成在交流功率表上，实物图如图 2-21 所示。测量较大电流时，必须扩大电流表的量程。可在表头上并联分流电阻或加接电流互感器。

图 2-20　交流电流的测量   图 2-21　交流电流表实物图

2）直流电流的测量　直流电流表有正、负极性，测量时，必须将电流表的正端钮接被测电路的高电位端，负端钮接被测电路的低电位端，如图 2-22 所示。被测电流超过电流表允许量程时，须采取措施扩大量程。对磁电式电流表，可在表头上并联低阻值电阻制成的分流器。对电磁式电流表，可通过加大固定线圈线径来扩大量程。也可将固定线圈接成串、并联形式做成多量程表。实验台 SBL-30111047 直流电流表实物图如图 2-23 所示，SW 为电流表开关键，量程为 200mA。

图 2-22　直流电流的测量   图 2-23　直流电流表实物图

3）交流电压的测量　在测量量程范围内将电压表直接并入被测电路即可，如图 2-24 所示。类似于电流表，也用电压互感器来扩大交流电压表的量程。实验台 SBL-30121098 交流电流表集成在交流功率表上，实物图如图 2-25 所示。

图 2-24　交流电压的测量   图 2-25　交流电压表实物图

4）直流电压的测量　直流电压表有正、负极性，测量时，必须将电压表的正端钮接被测电路的参考高电位端，负端钮接被测电路的参考低电位端，如图 2-26 所示。图 2-27 为直流电压表实物图，量程为 20V。

图 2-26　直流电压的测量

图 2-27　直流电压表实物图

（2）功率表

功率表又叫瓦特表、电力表，用于测量直流电路和交流电路的功率。功率表主要由固定的电流线圈和可动的电压线圈组成，电流线圈与负载串联，电压线圈与负载并联，其原理如图 2-28 所示。实物图如图 2-29 所示。

图 2-28　功率表测量原理图

图 2-29　功率表实物图

功率表的电流线圈、电压线圈各有一个端子标有"＊"号，称为同名端。测量时，电流线圈标有"＊"号的端子应接电源，另一端接负载；电压线圈标有"＊"号的端子一定要接在电流线圈所接的那条电线上，但有前接和后接之分，如图 2-30 所示。按下设置键 SET，通过上下键选择，该功率表还可以测量无功功率 Q、视在功率 S、功率因数、功率因数角等物理量。

(a)电压线圈前接　　　　　　　　　　(b)电压线圈后接

图 2-30　单相功率表的接线

2.3.3　负载

电工电子实验装置中的负载主要有电阻、白炽灯组、日光灯、电感镇流器、电容和三相交流异步电动机等。

（1）电阻箱与电容箱

电阻和电容作为基本元件，原理已经在前面章节叙述，这里主要展示其实物。如图 2-31 所示元件箱中的电阻和电容元件以及图 2-32 所示的 SBL-30121036 电容箱。

图 2-31　元件箱（电阻、电容等）

图 2-32　电容箱

（2）白炽灯

白炽灯是将灯丝通电加热到白炽状态，利用热辐射发出可见光的电光源。自 1879 年，美国的爱迪生制成了碳化纤维（即碳丝）白炽灯以来，经人们对灯丝材料、灯丝结构、充填气体的不断改进，白炽灯的发光效率也相应提高。1959 年，美国在白炽灯的基础上发展了体积和衰光极小的卤钨灯。白炽灯的发展趋势主要是研制节能型灯泡。不同用途和要求的白炽灯，其结构和部件不尽相同。白炽灯的光效虽低，但光色和集光性能好，是产量最大、应用最广泛的电光源。常用灯座包括插口吊灯座、插口平灯座、螺口吊灯座、螺口平灯座、防水螺口吊灯座和防水螺口平灯座，如图 2-33 所示。

(a) 插口吊灯座　　(b) 插口平灯座　　(c) 螺口吊灯座　　　　(d) 螺口平灯座　　(e) 防水螺口吊灯座　(f) 防水螺口平灯座

图 2-33　白炽灯灯座分类

通常白炽灯通过开关与电源相连，在我国额定电压为 220V，图 2-34 和图 2-35 为两个白炽灯控制的实例，图 2-36 为实验台中的实物。

图 2-34　白炽灯控制实例 1

图 2-35　白炽灯控制实例 2

图 2-36　白炽灯实物

（3）日光灯

日光灯两端各有一灯丝，灯管内充有微量的氩和稀薄的汞蒸气，灯管内壁上涂有荧光粉。

图 2-37　日光灯电路原理

灯管点亮时需要一个高电压，正常发光时只允许通过不大的电流，这时灯管两端的电压低于电源电压。灯管里面装入一些特殊的气体，又在灯管的管壁上涂上荧光粉，通电之后由于放电而产生光。图 2-37 为日光灯电路原理图。

图 2-38 为实验台中电感镇流器的实物图及接线。电感镇流器是一个铁芯电感线圈，电感的性质是当线圈中的电流发生变化时，在线圈中将引起磁通的变化，从而产生感应电动势，其方向与电流的方向相反，因而阻碍着电流变化。

图 2-38　电感镇流器实物图和接线

起辉器在电路中起开关作用，它由一个氖气放电管与一个电容并联而成，电容的作用为消除对电源的电磁干扰并与镇流器形成振荡回路，增加启动脉冲电压幅度。放电管中一个电极用双金属片组成，利用氖泡放电加热，使双金属片在开闭时，引起电感镇流器电流突变并产生高压脉冲加到灯管两端。

当日光灯接入电路以后，起辉器两个电极间开始辉光放电，使双金属片受热膨胀而与静触极接触，于是电源、镇流器、灯丝和起辉器构成一个闭合回路，电流使灯丝预热，当受热时间 1～3s 后，起辉器的两个电极间的辉光放电熄灭，随之双金属片冷却而与静触极断开，当两个电极断开的瞬间，电路中的电流突然消失，于是镇流器产生一个高压脉冲，它与电源叠加后，加到灯管两端，使灯管内的惰性气体电离而引起弧光放电。在正常发光过程中，镇流器的自感还起着稳定电路中电流的作用。

（4）三相交流异步电动机

三相交流异步电动机是典型的三相对称负载，其基本原理是通电后电动机定子绕组能在电动机转子周围产生一个旋转磁场，从而带动转子转动，将电能转化为机械能。图 2-39 为三相异步电动机结构及实物图。

三相异步电动机的定子绕组的连接方法有三角形连接和星形连接两种，如图 2-40 所示。以图 2-39 为例，由铭牌数据可以看出其为三角形连接三相负载，U_2 接 V_1，V_2 接 W_1，W_2 接 U_1，U_1、V_1、W_1 作为电动机的电源输入。特别需要注意，星形连接电动机不能接成三角形连接，否则可能会烧坏电动机。

2.3.4　报警及复位

在实验过程中，有时会不可避免地出现电路接线不正确、电源短路、负载短路、测量范

(a)

(b)

图 2-39 三相异步电动机结构及实物图

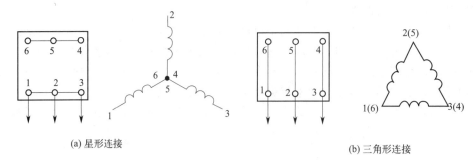

(a) 星形连接

(b) 三角形连接

图 2-40 三相异步电动机连接方式

围超出电表量程等情况,为了保护实验者人身安全和设备安全,电工电子实验装置也设置了报警装置,一旦电路出现问题会报警,自动断开电路并发出蜂鸣声。此时就需要重新检查电路,改正电路错误再重新通电。报警的装置需要重新复位(按装置旁边的复位按钮)或重新合上开关才能重新工作。常见情况有:

① 电压表和电流表超出其测量量程;

② 电流表短路;

③ 电源短路。

2.4　常用低压电器

电器是所有电工器械的简称。凡是根据外界特定的信号和要求自动或手动接通与断开电路，断续或连续地改变电路参数，实现对电或非电对象的切换、控制、保护、检测和调节的电工器械都称为电器。低压电器一般是指工作在交流电压 1200V 以下、直流电压 1500V 以下的电器。

常用低压电器的种类繁多，用途广泛，分类方法很多。按动作原理来分类，分为手动电器和自动电器。手动电器是指人手操作发出动作指令的电器，例如刀开关、按钮等。自动电器是指产生电磁吸力而自动完成动作指令的电器，例如接触器、继电器、电磁阀等。

2.4.1　刀开关

刀开关俗称闸刀开关，是一种结构最简单、价格低廉的手动电器，主要用于接通或切断长期工作设备的电源及不经常启动和制动、容量小于 7.5kW 的异步电动机。

图 2-41 是 KH 系列闸刀开关外形和符号，它由瓷质底板、刀片和胶木盖等部分组成。胶木盖用于熄灭切断电源时产生的电弧从而保护人身安全。按刀数分，闸刀开关主要分为单刀、双刀和三刀三种，每种又有单掷和双掷之分。图 2-41（a）是三刀单掷开关。闸刀开关的额定电压通常是 250V 和 500V，额定电流为 10～500A。

闸刀开关在选择时，应使其额定电压等于或大于电路的额定电压，其额定电流应等于或大于电路的额定电流。当闸刀开关控制电动机时，其额定电流要大于电动机额定电流的 3 倍。

注意闸刀开关在安装时，手柄要向上，不得倒装或平装，避免由于重力自由下落，而引起误动作和误合闸。接线时，应将电源线接在上端，负载线接在下端，这样拉闸后刀片与电源隔离，可防止可能发生的意外事故。

(a) 结构　　　　　　　　　(b) 符号

图 2-41　KH 系列闸刀开关外形及符号

2.4.2　按钮开关

按钮开关常用于接通和断开控制电路。按钮开关的结构和符号如图 2-42 所示。当按下按钮开关时，一对原来闭合的触点（称为常闭触点或动断触点）断开，一对原来断开的触点（称为常开触点或动合触点）闭合。当松开手时，触点靠弹簧的作用又恢复到原来的状态。

(a) 结构　　　　　　　　　　　　　　　　(b) 符号

图 2-42　按钮开关的结构和图形符号

2.4.3　熔断器

熔断器是电路中的短路保护装置。熔断器中装有一个低熔点的熔体，串接在被保护的电路中。在电流小于或等于熔断器的额定电流时熔体不会熔断，当发生短路时，短路电流使熔体迅速熔断，从而保护线路和设备。

常用的熔断器有插入式熔断器、螺旋式熔断器、管式熔断器和有填料式熔断器。如图 2-43 所示。熔断器的符号统一如图 2-43（e）所示。

(a) 管式熔断器　　　(b) 插入式熔断器　　(c) 螺旋式熔断器　　(d) 有填料式熔断器　　(e) 熔断器符号

图 2-43　熔断器

熔体是熔断器的主要部分，选择熔断器时必须按照下述方法选择熔体的额定电流：

① 电炉、电灯等电阻性负载的用电设备，其保护熔断器的熔体额定电流要略大于实际负载电流；

② 单台电动机的熔体额定电流是电动机额定电流的 1.5～3 倍；

③ 多台电动机合用的熔体额定电流应按下式计算

$$I_{FU} \geqslant \frac{I_{stm} + \sum_{1}^{n-1} I_{N}}{2.5}$$

式中，I_{FU} 为熔体额定电流；I_{stm} 为最大容量电动机的启动电流；$\sum_{1}^{n-1} I_N$ 为其余电动机的额定电流之和。

2.4.4 自动空气断路器

自动空气断路器又叫自动开关，是常用的低压保护电器，可实现断路保护、过载保护和失压保护。它的结构形式很多，图 2-44 是其原理图。

主触点通常是通过手动操作机构闭合的，闭合后通过锁钩锁住，当电路中任一相发生故障时，在脱扣器（均为电磁铁）的作用下，锁钩脱开，主触点在释放弹簧的作用下迅速断开电路。当电路中发生过载或断路故障时，与主电路串联的线圈就产生较强的电磁吸力，吸引过电流脱扣器的电磁铁右端向下动作从而使左端顶开锁钩，使主触点分断。当电路中电压严重下降或断电时，欠电压脱扣器的电磁铁就会释放，锁钩被打开，同样使主触点分断。当电源电压恢复正常后，只有重新手动闭合后才能工作，实现失压保护。

图 2-44 自动空气断路器的原理图

2.4.5 交流接触器

交流接触器常用来接通和断开带有负电荷的主电路。其外形、结构和符号如图 2-45 所示。

(a) 外形图　　　　(b) 结构图　　　　(c) 符号图

图 2-45 交流接触器的外形、结构和符号

交流接触器主要由电磁铁和触点部分组成。电磁铁分为可动部分和固定部分。当套在固定电磁铁上的吸引线圈通电后，铁芯吸合使得触点动作（常开触点闭合，常闭触点断开）。

当吸引线圈断电时，电磁铁和触点均恢复到原态。

根据不同的用途，触点又分为主触点（通常为三对）和辅助触点。主触点常接于控制系统的主电路中，辅助触点通过的电流较小，常接在控制电路中。

在使用交流接触器时一定要看清其铭牌上标的数据。铭牌上的额定电压和额定电流均指的是主触点的额定电压和额定电流，在选择交流接触器时，应使之与用电设备（如电动机）的额定电压和额定电流相符。吸引线圈的额定电压和额定电流一般标在线圈上，选择时应使之与控制电路的电源相符。

目前我国生产的交流接触器有 CJ0 和 CJ10 系列，吸引线圈的额定电压有 36V、127V、220V 和 380V 四个等级，接触器主触点的额定电流分别为 10A、20A、40A、60A、100A 和 150A 六个等级。

2.4.6　热继电器

热继电器用于电动机的过载保护，是利用电流的热效应工作的。图 2-46 是热继电器的结构原理图和符号图。

(a) 结构原理图
1—热元件；2—双金属片；3—扣板；
4—弹簧；5—常闭触点；6—复位按钮

(b) 符号图

图 2-46　热继电器的结构原理及符号

图 2-46 中双金属片的一端是固定的，另一端是自由端。由于热膨胀系数不同，下层金属热膨胀系数大，上层金属热膨胀系数小，当串接在主电路中的发热元件通电发热时，双金属片的温度上升，双金属片就向上发生弯曲动作，弯曲程度与通过发热元件的电流大小有关。当电动机启动时，由于启动时间短，双金属片弯曲程度很小，不致引起继电器动作；当电机过载时间较长，双金属片温度升高到一定程度时，双金属片弯曲程度增加而脱扣，扣板在弹簧的作用下左移，使动断触点断开。动断触点常接在控制电路中，动断触点断开时，使得控制电动机的接触器断电，则电动机脱离电源而起到过载保护作用。

热继电器动作以后，经过一段时间冷却，即可按下复位按钮使继电器复位。

热继电器一般有两个或三个发热元件。现在常用的热继电器型号有 JR0、JR5、JR15、JR16 等。热继电器的主要技术参数是额定电流。但由于被保护对象的额定电流数值很多，热继电器的额定电流等级又是有限的，为此，热继电器具有整定电流的调节装置，它的调节范围是 66%～100%。例如额定电流为 16A 的热继电器，最小可以调整为 10A。

2.5　常用电子仪器的使用

2.5.1　函数信号发生器

DG800 系列函数/任意波形发生器是一款集函数发生器、任意波形发生器、噪声发生器、脉冲发生器、谐波发生器、模拟/数字调制器、频率计等功能于一身的多功能信号发生器。多功能、高性能、高性价比、便携式、触摸屏操作等特点可为教育、研发、生产、测试等行业提供新的选择。RIGOL-DG822 型函数信号发生器实物如图 2-47 所示。

图 2-47　RIGOL-DG822 型函数信号发生器实物

（1）前面板概述（图 2-48）

图 2-48　信号发生器前面板

① 电源键　用于开启或关闭信号发生器。

② Align 键　执行同相位操作。

③ CH1 输出连接器　BNC 连接器（图 2-49），标称输出电阻为 50Ω。当 Output1 打开时（背灯变亮），该连接器以 CH1 当前配置输出波形。

④ 通道控制区

a. Output1 用于控制 CH1 的输出。按下该键，背灯变亮，打开 CH1 输出。此时，CH1 连接器以当前配置输出信号。再次按下该键，背灯熄灭，此时，关闭 CH1 输出。

b. Output2 用于控制 CH2 的输出。按下该键，背灯变亮，打开 CH2 输出。此时，CH2 连接器以当前配置输出信号。再次按下

图 2-49　BNC 连接器

该键，背灯熄灭，此时，关闭 CH2 输出。

⑤ CH2 输出连接器　BNC 连接器，标称输出电阻为 50Ω。当 Output2 打开时（背灯变亮），该连接器以 CH2 当前配置输出波形。

⑥ Counter 测量信号输入连接器　BNC 连接器，输入电阻为 $1M\Omega$。用于接收频率计测量的信号。

⑦ 频率计　用于开启或关闭频率计功能。按下该键，背灯变亮并持续闪烁，频率计功能开启。再次按下该键，背灯熄灭，此时，关闭频率计功能。

注意：当打开频率计时，CH2 关闭波形输出；关闭频率计后，CH2 允许波形输出。

⑧ 方向键：

a. 使用旋钮设置参数（按下旋钮可进入编辑模式）时，可用于移动光标以选择需要编辑的位。

b. 用于在用户界面向左或向右定位光标。

⑨ 旋钮：

a. 选择界面中的菜单标签时，用于向下（顺时针）或向上（逆时针）移动光标。

b. 使用旋钮设置参数（按下旋钮可进入编辑模式）时，用于增大（顺时针）或减小（逆时针）当前光标处的数值，再次按下旋钮可确认设置并退出编辑模式。

c. 选择波形（按下右方向键定位光标到界面右侧）时，用于移动光标选择所需的波形，按下旋钮确认选中波形。

d. 存储或读取文件时，用于选择文件保存的位置或用于选择需要读取的文件，按下旋钮可展开当前选中目录。

e. 通用信息设置（按下右方向键定位光标到界面右侧）时，用于移动光标选择所需的参数，按下旋钮确认选中参数，此时旋转旋钮可修改选项，再次按下旋钮确认修改。

f. 在 Preset 界面，用于选择所需的配置类型，按下旋钮确认选择，此时，在弹出的对话框中可用旋钮选择相应按钮，然后按下旋钮执行相应操作（注意，仅当按钮为绿色时按下旋钮操作才有效）。

⑩ Menu 键　进入波形模式选择界面。

⑪ Home 键　进入仪器主界面。

⑫ 功能键

a. [Preset] 将仪器恢复至预设的状态，最多可设置十种。

b. [Lock] 锁定或解锁仪器的前面板按键和触摸屏。在未锁定状态，按 Lock 键，可锁定前面板按键和触摸屏，此时，除 Lock 键，前面板其他按键以及触屏操作无效。再次按下该键，可解除锁定。

c. [Trig] 用于手动触发。

● 波形发生器的默认设置是启用内部触发。在这种模式下，当已选定扫描或脉冲串模式时，波形发生器将连续输出波形。此时，按下 Trig 键，仪器将自动触发变为手动触发。

● 每次按前面板 Trig 按键，都会手动触发一次扫描或输出一个脉冲串。

d. [Utility] 用于设置辅助功能参数和系统参数。

e. [Store] 可存储或调用仪器状态或者用户编辑的任意波数据。内置一个非易失性存储器（C 盘），并可外接一个 U 盘（D 盘）。

f. [Help/Local] 获取前面板按键以及当前显示界面的帮助信息。**注意**：当仪器工作在远程模式时，该键用于返回本地模式。

⑬ 触摸屏　用于触摸操作及显示。

（2）用户界面

DG800 的用户界面如图 2-50 所示。

① 输出任意波　DG800 可从单通道或同时从双通道输出仪器内建波形。内建任意波形存储在非易失性存储区，可选类型多达 160 种。

② 启用任意波功能　按 Menu→Continuous→Arb，启用任意波功能，仪器打开任意波选择界面。如图 2-51 所示。

图 2-50　DG800 的用户界面

图 2-51　任意波选择界面

③ 选择波形　DG800 允许用户选择 160 种内建波形，包括仪器内部或外部存储器中已存的任意波形。

要点说明：选择所需的波形后，可按相应的通道输出控制键（Output1 或 Output2），该通道将输出指定的波形。

④ 设置参数　选中相应的波形后，仪器自动跳转为该波形的参数设置界面。

a. 频率/周期：设置任意波输出的频率/周期。

b. 幅度/高电平：设置任意波输出的幅度/高电平。

c. 偏移/低电平：设置任意波输出的偏移/低电平。

d. 相位：设置任意波输出的起始相位。

请参考"输出基本波形"配置通道的参数和输出。

实例：输出正弦波

本节主要介绍如何从 CH1 连接器输出一个正弦波（频率为 20kHz，幅度为 2.5Vpp，偏移量为 500mVdc，起始相位为 90°）。

① 选择输出通道：按下前面板 Output1 键（或通过触摸点击通道输出配置状态栏区域）选中 CH1 通道。

② 选择正弦波：按下前面板 Menu 键，在弹出界面触摸点击 Continuous→Sine 图标，仪器自动跳转至正弦波参数设置界面。

③ 设置频率：触摸点击"频率"标签右侧的参数输入框，通过弹出的数字键盘输入 20，选择单位"kHz"，点击"OK"。

④ 设置幅度：触摸点击"幅度"标签右侧的参数输入框，通过弹出的数字键盘输入 2.5，选择单位"Vpp"，点击"OK"。

⑤ 设置偏移电压：触摸点击偏移标签右侧的参数输入框，通过弹出的数字键盘输入 500，选择单位"mVdc"，点击"OK"。

⑥ 设置起始相位：触摸点击"相位"标签右侧的参数输入框，通过弹出的数字键盘输

入"90"，选择单位"°"，点击"OK"。

⑦ 启用通道输出：按 Output1 键，背灯点亮，或通过触摸点击通道输出配置状态栏，在通道设置界面打开通道输出，通道状态条呈高亮状态，CH1 连接器以当前配置输出正弦波信号。

⑧ 观察输出波形：使用 BNC 连接线将 DG800 的 CH1 与示波器相连接，图 2-52 所示为示波器显示的波形。

图 2-52　示波器显示的波形

2.5.2　万用表

万用表是一种能够测电压、电流、电阻、二极管、晶体管的仪器，此处以 MASTECH MY65 型数字万用表为例，介绍万用表的使用方法。实物图如图 2-53 所示。

图 2-53　MASTECH MY65 型万用表实物图

（1）直流电压、交流电压的测量

先将黑表笔插入 COM 插孔，红表笔插入 V/Ω 插孔，然后将功能开关置于 ▼（直流）

或 （交流）量程，并将测试表笔连接到被测元件两端，显示器将显示被测电压值。如果显示器只显示"1"，表示超量程，应将功能开关置于更高的量程（下同）。

（2）直流电流、交流电流的测量

先将黑表笔插入 COM 插孔，将红表笔插入 20A 插孔，再将功能开关置于 （直流）或 （交流）量程，将测试表笔串联接入被测电路，显示器即显示被测电流值。

（3）电阻的测量

先将黑表笔插入 COM 插孔，红表笔插入 V/Ω 插孔（注意：红表笔极性此时为"＋"，与指针式万用表相反），然后将功能开关置于 量程，将两表笔连接到被测电路上，显示器将显示出被测电阻值。

（4）二极管的测试

先将黑表笔插入 COM 插孔，红表笔插入 V/Ω 插孔，然后将功能开关置于二极管挡，将两表笔连接到被测二极管两端，显示器将显示二极管正向压降的 mV 值。当二极管反向时则过载。

根据万用表的显示，可检查二极管的质量及鉴别所测量的管子是硅管还是锗管。

① 测量结果若在 1V 以下，红表笔所接为二极管正极，黑表笔为负极；

② 测量显示为 550～700mV 者为硅管；150～300mV 者为锗管。

③ 如果两个方向均显示超量程，则二极管开路；若两个方向均显示"0"，则二极管击穿、短路。

（5）晶体管放大系数 h_{FE} 的测试

将功能开关置于 h_{FE} 挡，然后确定晶体管是 NPN 型还是 PNP 型，并将发射极、基极、集电极分别插入相应的插孔。此时，显示器将显示出晶体管的放大系数 h_{FE} 值。

① 基极判别　将红表笔接某极，黑表笔分别接其他两极，若都出现超量程或电压都小，则红表笔所接为基极；若一个超量程，另一个电压小，则红表笔所接不是基极，应换脚重测。

② 管型判别　在上面测量中，若显示都超量程，为 PNP 管；若电压都小（0.5～0.7V），则为 NPN 管。

③ 集电极、发射极判别　用 h_{FE} 挡判别。在已知管子类型的情况下（此处设为 NPN 管），将基极插入 B 孔，其他两极分别插入 C、E 孔。若结果为 $h_{FE}=1～10$（或十几），则三极管接反了；若 $h_{FE}=10～100$（或更大），则接法正确。

（6）带声响的通断测试

先将黑表笔插入 COM 插孔，红表笔插入 V/Ω 插孔，然后将功能开关置于通断测试挡（与二极管测试量程相同），将测试表笔连接到被测导体两端。如果表笔之间的阻值低于约 30Ω，蜂鸣器会发出声音。

2.5.3　示波器

（1）结构及功能介绍

示波器是一种用来测量交流电或脉冲电流波的形状的仪器，由电子管放大器、扫描振荡器、阴极射线管等组成。除观测电流的波形外，其还可以用于测定频率、电压强度等。此处以 RIGOL-DS1102E 为例进行介绍，图 2-54 为其实物及前面板示意图。

（2）波形显示

DS1000E、DS1000D 系列数字示波器具有自动设置的功能。根据输入的信号，可自动

图 2-54　RIGOL-DS1102E 示波器实物及前面板示意图

调整电压倍率、时基以及触发方式，使波形显示达到最佳状态。应用自动设置，要求被测信号的频率大于或等于 50Hz，占空比大于 1%。具体操作如下：

① 将被测信号连接到信号输入通道；

② 按下 AUTO 键，示波器将自动搜索信号并设置垂直、水平和触发控制。

③ 如需要，可手动继续调整水平、垂直挡位直至波形显示满足用户的测试要求。

④ 按 CH1 键选择通道 1，旋转垂直（VERTICAL）区域的垂直旋钮调整通道 1 波形的垂直位置。

⑤ 按 CH2 按键选择通道 2，如前操作，调整通道 2 波形的垂直位置。使通道 1、2 的波形既不重叠在一起，又利于观察比较。

（3）进行自动测量

示波器可对大多数显示信号进行自动测量。欲测量信号频率和峰峰值，请按如下步骤操作：

① 测量峰峰值　按下 Measure 键以显示自动测量菜单。按下 1 号菜单操作键以选择信源 CH1。按下 2 号菜单操作键选择测量类型——电压测量。在电压测量弹出菜单中选择测

量参数：峰峰值。此时，可以在屏幕左下角发现峰峰值的显示。

② 测量频率　按下 3 号菜单操作键选择测量类型：时间测量。在时间测量弹出菜单中选择测量参数：频率。此时，可以在屏幕下方发现频率的显示。

③ 全部测量　按下 5 号菜单操作键选择测量类型：全部测量。在全部测量弹出菜单中，选择"打开"（默认是"关闭"状态）。此时，可以在屏幕下方发现所有参数的显示。

图 2-55　垂直系统调节

注意：测量结果在屏幕上的显示会因为被测信号的变化而改变。

（4）垂直系统调节

如图 2-55 所示，在垂直控制区（VERTICAL）有一系列的按键、旋钮。下面的练习逐步引导用户熟悉垂直设置的使用。

① 使用垂直 ⊛POSITION 旋钮控制信号的垂直显示位置。当转动 ⊛POSITION 垂直旋钮，指示通道地（GROUND）的标识跟随波形而上下移动。

② 改变垂直设置，并观察因此导致的状态信息变化。用户可以通过波形窗口下方的状态栏显示的信息，确定任何垂直挡位的变化。转动垂直 ⊛SCALE 旋钮改变"Volt/div（伏/格）"垂直挡位，可以发现状态栏对应通道的挡位显示发生了相应的变化。

（5）水平系统调节

如图 2-56 所示，在水平控制区（HORIZONTAL）有一个按键、两个旋钮。下面的练习逐渐引导用户熟悉水平时基的设置。

使用水平 ⊛SCALE 旋钮改变水平挡位设置，并观察因此导致的状态信息变化。转动水平 ⊛SCALE 旋钮改变"s/div（秒/格）"水平挡位，可以发现状态栏对应通道的挡位显示发生了相应的变化。水平扫描速度从 2ns 至 50s，以 1－2－5 的形式步进。

使用水平 ⊛POSITION 旋钮调整信号在波形窗口的水平位置。当转动水平 ⊛POSITION 旋钮调节触发位移时，可以观察到波形随旋钮而水平移动。

图 2-56　水平系统

（6）触发系统

如图 2-57 所示，在触发控制区（TRIGGER）有一个旋钮、三个按键。下面的练习逐渐引导用户熟悉触发系统的设置。

① 使用 ⊛LEVEL 旋钮改变触发电平设置。转动 ⊛LEVEL 旋钮，可以发现屏幕上出现一条橘红色的触发线以及触发标志，随旋钮转动而上下移动。停止转动旋钮，此触发线和触发标志会在约 5s 后消失。在移动触发线的同时，可以观察到在屏幕上触发电平的数值发生了变化。

② 使用 MENU 调出触发系统菜单（见图 2-57），改变触发的设置，观察由此造成的状态变化。

a. 按 1 号菜单操作按键，选择边沿触发。

b. 按 2 号菜单操作按键，选择"信源选择"为 CH1。

c. 按 3 号菜单操作按键，设置"边沿类型"为 ▟ 。

d. 按 4 号菜单操作按键，设置"触发方式"为自动。

e. 按 5 号菜单操作按键，进入"触发设置"二级菜单，对触发的耦合方式、触发灵敏度和触发释抑时间进行设置。

图 2-57　触发系统菜单

注意：改变前三项的设置会导致屏幕右上角状态栏的变化。

③ 按 50% 按键，设定触发电平在触发信号幅值的垂直中点。

④ 按 FORCE 按键：强制产生一个触发信号，主要应用于触发方式中的"普通"和"单次"模式。

2.5.4 兆欧表

（1）结构和工作原理

兆欧表是一种测量电气设备及电路绝缘电阻的仪表，其外形如图 2-58(a) 所示。其主要包括三个部分：手摇直流发电机（或交流发电机加整流器）、磁电式流比计、接线桩（L、E、G），工作原理可用图 2-58(b) 来说明。

(a) 外形

(b) 工作原理

图 2-58　兆欧表的外形和工作原理示意图

被测电阻 R_x 接于兆欧表测量端子"线端" L 与"地端" E 之间。摇动手柄，直流发电机输出直流电流。线圈 1、电阻 R_1 和被测电阻 R_x 串联，线圈 2 和电阻 R_2 串联，然后两条电路并联后接于发电机电压 U 上。设线圈 1 电阻为 r_1，线圈 2 电阻为 r_2，则两个线圈上电流分别是

$$I_1 = \frac{U}{r_1 + R_1 + R_x}$$

$$I_2 = \frac{U}{r_2 + R_2}$$

$$\frac{I_1}{I_2} = \frac{r_2 + R_2}{r_1 + R_1 + R_x}$$

式中，r_1，r_2，R_1 和 R_2 为定值，R_x 为变量，所以改变 R_x 会引起比值 I_1/I_2 的变化。由于线圈 1 与线圈 2 绕向相反，流入电流 I_1 和 I_2 后在永久磁场作用下，在两个线圈上分别产生两个方向相反的转矩 T_1 和 T_2，由于气隙磁场不均匀，因此 T_1 和 T_2 既与对应的电流成正比又与其线圈所处的角度有关。当 $T_1 \neq T_2$ 时指针发生偏转，直到 $T_1 = T_2$ 时，指针停止。指针偏转的角度只决定于 I_1 和 I_2 的比值，此时指针所指的是刻度盘上显示的被测设备的绝缘电阻值。

当 E 端与 L 端短接时，I_1 为最大，指针顺时针方向偏转到最大位置，即"0"位置；当 E、L 端未接被测电阻时，R_x 趋于无限大，$I_1 = 0$，指针逆时针方向转到"∞"的位置。该仪表结构中没有产生反作用力矩的游丝，在使用之前，指针可以停留在刻度盘的任意位置。

（2）兆欧表的使用

1）测量前的检查

① 检查兆欧表是否正常。

② 检查被测电气设备和电路，看是否已切断电源。

③ 测量前应对设备和线路进行放电，减少测量误差。

2）使用方法

① 将兆欧表水平放置在平稳牢固的地方。

② 正确连接线路。兆欧表有三个接线柱：线路（L）、接地（E）、屏蔽（G）。根据不同测量对象，作相应接线，如图 2-59 所示。测量线路对地绝缘电阻时，E 端接地，L 端接于被测线路上；测量电机或设备绝缘电阻时，E 端接电机或设备外壳，L 端接被测绕组的一端；测量电机或变压器绕组间绝缘电阻时，先拆除绕组间的连接线，将 E、L 端分别接于被测的两相绕组上；测量电缆绝缘电阻时，E 端接电缆外表皮（铅套）上，L 端接线芯，G 端接芯线最外层绝缘层上。

图 2-59　兆欧表测量电机绝缘电阻的接线图

③ 摇动手柄，转速控制在 120r/min 左右，允许有 ±20％ 的变化，但不得超过 25％。摇动 1min 后，待指针稳定下来再读数。

④ 兆欧表未停止转动前，切勿用手触及设备的测量部分或摇表接线桩。

⑤ 禁止在雷电时或附近有高压导体的设备上测量绝缘。

⑥ 应定期校验，检查其测量误差是否在允许范围以内。

（3）兆欧表的选用

选用兆欧表主要考虑它的输出电压及测量范围。兆欧表的额定电压应根据被测电气设备的额定电压来选择。测量 500V 以下的设备，选用 500V 或 1000V 的兆欧表；额定电压在 500V 以上的设备，应选用 1000V 或 2500V 的兆欧表；对于绝缘子、母线等要选用 2500V 或 3000V 兆欧表。表 2-7 为兆欧表选择举例。

表 2-7　兆欧表选择举例

被测对象	被测设备或线路额定电压/V	选用的摇表/V
线圈的绝缘电阻	500 以下	500
	500 以上	1000
电机绕组绝缘电阻	500 以下	1000
变压器、电机绕组绝缘电阻	500 以上	1000～2500
电气设备和电路绝缘	500 以下	500～1000
	500 以上	2500～5000

2.6　测量数据处理

（1）准确度与精密度

准确度是指测量结果与被测量真值的接近程度，反映系统误差的影响程度。精密度是指在重复测量同一系统中所得结果相一致的程度，反映随机误差的影响程度。

（2）有效数字

如用 100mA 量程的电流表测量某支路中的电流，读数为 78.4mA，则"78"是准确、可靠的"可靠数字"，而数字"4"是估读的"欠准数字"，两者合起来称为"有效数字"。它是三位有效数字，如果对其运算，其结果也应保留三位有效数字。又如 184mA 与 0.184A 都是三位有效数字，只不过单位不同。

有效数字是按测试要求确定的，只应有一位（最后一位）欠准数字。但小数点后的"0"不能随意省略。例如：电阻值 15.00Ω 与 15Ω，前者小数点后第二位"0"是欠准数字，而后者"5"即欠准数字（可能为 14~16Ω）。

（3）有效数字处理与运算

① 对有效数字的取舍原则为四舍五入化整规则。如取三位有效数字

16.24→16.2　（小于 5 舍）

16.25→16.2　（等于 5 取偶）

16.15→16.2　（等于 5 取偶）

16.26→16.3　（大于 5 入）

② 对有效数字的加减运算：以小数点后面位数最少的那个数为标准，将其他数进行处理，小数点后面的位数仅比标准数多保留一位，最后结果要处理为标准位数。如

$$\underset{\text{（标准）}}{111.2}+0.888+2.35=?\ \xrightarrow{\text{处理为}}\ \underset{\text{（标准）}}{111.2}+\underset{\text{（多保留一位）}}{0.89}+2.35=(114.44)=\underset{\text{（化为标准位数）}}{114.4}$$

③ 有小数字的乘除运算：以其有效数字最少的那个数为标准，对其他数进行处理，处理到比该数多一位有效数字时，再进行运算。

（4）测量数据的读取

① 测量仪表要先预热和调零（有些不必）。

② 选择适当的仪表及合适的量程。

③ 正确读取数据。

④ 当仪表指针在两刻度线之间时，应估读一位欠准数字。

（5）曲线绘制与修补

有些测量的目的是在有限次测量所得到的数据基础上拟合得到某些量之间的关系曲线。简单地将这些数据点（有误差）连成一条折线是不行的，必须对其进行处理，即将曲线修补均匀。

① 数据点必须足够；

② 纵、横坐标分度比例适当；

③ 当变量范围很宽时，可考虑采用对数坐标；

④ 取数据组几何中心连接成光滑而无斜率突变的曲线。

2.7　测量数据误差分析

（1）误差的表示方法

误差的表示方法有绝对误差、相对误差表示法。

① 绝对误差　被测量的测量结果 A' 与其真值 A 之差即为绝对误差 ΔA

$$\Delta A = A' - A$$

绝对误差 ΔA 的大小、单位，反映的是测量结果与真值的偏差程度，但不能反映测量的

准确程度。

② 相对误差　绝对误差 ΔA 与真值 A 之比的百分数即相对误差。

$$a = \frac{\Delta A}{A} \times 100\%$$

相对误差反映了测量的准确度。

（2）误差的分类

误差按其性质可分为三类：

① 系统误差　在相同条件下，多次测量同一量时，误差的绝对值保持恒定或遵循一定规律变化的误差。产生系统误差的主要原因有：仪器误差、使用误差、外界影响误差及方法理论误差。消除系统误差主要从消除误差源着手，其次可采用修正值。

② 随机误差　在相同条件进行多次测量，每次测量结果出现无规则的随机性变化的误差。随机误差主要由外界干扰等原因引起，可以采用多次测量取算术平均值的方法来消除随机误差。

③ 粗大误差　在一定条件下，测量结果明显偏高真值所对应的误差，称为粗大误差。产生粗大误差的原因有：读错数、测量方法错误、测量仪器有缺陷等，其中人身误差是主要的。这可由解决测量者人本身技术问题来解决。

（3）误差来源

① 仪表误差　仪表仪器本身及附件的电气和机械性能不完善而引入的误差，如仪表仪器零件位置安装不正确、刻度不完善等。这是仪表固有误差。

② 参数误差　所使用的元器件精度问题，其标定参数值与实际参数值不符或由于器件老化导致参数变化，由此产生的误差即参数误差。减小此类误差的方法是精选器件和对器件进行老化处理。

③ 使用误差　仪器的安装、布置、调节和使用不当等所造成的误差。把要求水平放置的仪器垂直放置、接线太长、未按阻抗匹配连接、接地不当等都会产生使用误差。减小这种误差的方法是严格按照技术规程操作，提高实验技巧和对各种现象的分析能力。

④ 影响误差　受外界温度、湿度、电磁场、机械振动、光照、放射性等影响而造成的误差。

⑤ 人身误差　测量者的分辨能力、工作习惯等原因引起的误差。某些借助人耳、人眼来判断结果的测量以及需要进行人工调谐等的测量工作，均会产生人身误差。

⑥ 方法和理论误差　测量方法或仪器仪表选择不当所造成的误差称为方法误差。测量时，依据的理论不严格或用近似公式、近似值计算等造成的误差称为理论误差。

第 3 章　电工学实验

3.1　实验一：常用电子仪器的使用

（1）实验目的

① 熟练掌握示波器的使用方法，学会用示波器观察信号波形，测试信号的幅值，测试信号周期或频率。

② 熟练掌握交流毫伏表的使用方法，学会用其测试未知信号的电压，熟悉其测量范围及使用注意事项。

③ 熟练掌握低频信号发生器的使用方法，学会用其输出一定频率和幅值的信号，会调节信号的频率和幅值的大小。

（2）实验仪器

序号	名称	规格型号	数量
1	信号发生器	RIGOL-DG822	1
2	示波器	RIGOL-DS1102E	1
3	信号线		2

实验仪器实物图如图 3-1 所示。

图 3-1　实验仪器实物图

（3）仪器的基本组成及使用方法

1）函数信号发生器　函数信号发生器主要由信号产生电路、信号放大电路等部分组成，可输出正弦波、方波、三角波三种信号波形。输出信号电压幅度可由输出幅度调节旋钮进行调节，输出信号频率可通过频段选择及调频旋钮进行调节。

使用方法：首先打开电源开关，通过"波形选择"开关选择所需信号波形，通过"频段选择"找到所需信号频率所在的频段，配合"调频"旋钮，找到所需信号频率。通过"调幅"旋钮得到所需信号幅度。

2）交流毫伏表

① 交流毫伏表结构及使用方法　交流毫伏表是一种用于测量正弦电压有效值的电子仪

器，主要由分压器、交流放大器、检波器等主要部分组成。电压测量范围为 $1mV \sim 300V$，分十个量程。

使用方法：将"测量范围"开关放到最大量程挡（300V）接通电源；将输入端短路，使"测量范围"开关置于最小挡（10mV），调节"零点校准"使电表指示为 0；去掉短路线接入被测信号电压，根据被测电压的数值，选择适当的量程，若事先不知被测电压的范围，应先将量程放到最大挡，再根据读数逐步减小量程，直到合适的量程为止；用完后，应将选择"测量范围"开关放到最大量程挡，然后关掉电源。

② 毫伏表的使用注意事项

a. 不要超过其电压的测量范围。

b. 应正确地选择量程。如果事先无法知道交流电压的大致范围，就应从最大量程挡位开始试测，再向小量程转换。

c. 接通电源后应先调零。在量程转换后，也应该进行这种调零操作。

d. 由于电表灵敏度较高，使用时接地点必须良好接地，与其他仪器一同使用时应正确共地。共地点接触不良或不正确都会影响测量效果。

e. 读数时，应注意量程开关的位置读不同的刻度线。

f. 为了毫伏表的使用安全，操作时一般要求：在开电源之前，应检查其量程范围是否在最大电压挡，如果不是最大挡应将其设置为最大挡；关电源之前，应将其量程开关挡位打到最大处；接入测量电压时，应注意先将地线接上，然后再接上信号线；在断开测量电压时，则应先拆除信号线，然后再拆除地线；在接线和拆线时，应注意将量程开关打到较大的挡位上。

③ 交流毫伏表与万用表的交流电压挡的区别

a. 万用表只是一种便携式仪表，它强调多用途，不太强调测量的精度，它上面设置的交流电压测量主要是用于测量电网工频电压，所以它不适合实验室里的其他频率交流信号电压的测量。

b. 晶体管交流毫伏表对交流电压的测量，主要是在实验室对各种频率的交流信号电压进行测量，所以它的量程设置从微伏到伏的数量级都有，它的测量精度比万用表高得多，对工频电压的测量一般不使用交流毫伏表。

3）示波器　示波器是一种用来观测各种周期性变化电压波形的电子仪器，可用来测量电压波形的幅度、频率、相位等。一个示波器主要由示波管、垂直放大器、水平放大器、锯齿波发生器、衰减器等部分组成。

使用方法：打开电源开关，适当调节垂直（↕）和水平（↔）移位旋钮，将光点或亮线移至荧光屏的中心位置。观测波形时，将被观测信号通过专用电缆线与 Y_1（或 Y_2）输入插口接通，将触发方式开关置于"自动"位置，触发源选择开关置于"内"，改变示波器扫速开关及 y 轴灵敏度开关，在荧光屏上显示出一个或数个稳定的信号波形。

（4）实验内容

① 从函数信号发生器输出频率分别为 200Hz、1kHz、2kHz、10kHz、20kHz、100kHz（峰峰值为 1V）的正弦波、方波、三角波信号，用示波器观察并画出波形。

② 从函数信号发生器输出频率分别为 200Hz、1kHz、2kHz、10kHz，幅值分别为 1V 和 2V（有效值）的正弦波信号。用示波器和交流毫伏表进行参数的测量并填入表 3-1。

表 3-1 示波器、信号发生器、交流毫伏表参数测量

信号频率	信号电压 毫伏表读数	示波器测量值			
		峰峰值	有效值	周期/ms	频率/Hz
200Hz	1V				
	2V				
1kHz	1V				
	2V				
2kHz	1V				
	2V				
10kHz	1V				
	2V				

③ 测量两信号的相位差。测量相位差可用双踪测量法，也可用 X-Y 测量法。

a. 双踪测量法。双踪测量法的仪器连线如图 3-2(a) 所示。示波器的显示方式切换开关"MODE"选择"CHOP"。将 $f=1$kHz、幅度 $U_\mathrm{m}=2$V 的正弦信号经过 RC 移相网络获得同频率不同相位的两路信号，分别加到示波器的 CH1 和 CH2 输入端，然后分别调节示波器的 CH1、CH2"位移"旋钮，"垂直灵敏度 V/div"旋钮及"微调"旋钮，就可以在屏幕上显示出如图 3-2(b) 所示的两个高度相等的正弦波。为了显示波形稳定，应将"内部触发信号源选择开关"选在 CH2 处，使内部触发信号取自 CH2 的输入信号，这样便于比较两信号的相位。

(a) 连线图　　　　　　(b) 显示波形

图 3-2 双踪测量法测量相位

双踪测量法测量信号相位差的方法为：从图 3-2(b) 显示图形读出 ac 和 ab 的长度（格数），根据 $ac:360°=ab:\varphi$，可求得两信号的相位差为

$$\varphi=\frac{ab}{ac}\times360°$$

将测量结果记入表 3-2 中。

表 3-2 双踪测量法测量结果 1

信号周期长度(ac 格数)	信号相位差长度(ab 格数)	相位差/(°)

由显示图形读出 Y 和 Y_m 的格数，则两信号的相位差为

$$\varphi=2\arctan\sqrt{\left(\frac{Y_\mathrm{m}}{Y}\right)^2-1}$$

将测量结果记录于表 3-3 中，并画出波形图。分析测量值与理论值的误差原因。

表 3-3　双踪测量法测量结果 2

波形高度 Y_m（格数）	两交点间垂直距离 Y（格数）	相位差/(°)

b. X-Y 测量法（选做）。将示波器"扫描速度开关"调至"X-Y"位置，即可进行测量，这时示波器成为 X-Y 工作方式，CH1 为 X 信号通道，CH2 为 Y 信号通道。X-Y 测量法的连接如图 3-2(a) 所示，输入信号仍为 $f=1\text{kHz}$、$U_m=2\text{V}$ 的正弦信号。

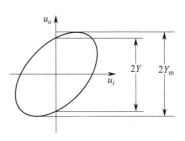

图 3-3　用椭圆截距法测量相位差时显示的图形

经过 RC 移相网络获得同频不同相的两路信号，一路加入到示波器 CH1 的输入端，一路加入到示波器 CH2 的输入端。调节"位移""垂直轴电压灵敏度"旋钮，使示波器荧光屏上显示出图 3-3 所示的椭圆图形。由图形直接读出 Y 和 Y_m 所占的格数，则两信号的相位差为

$$\varphi = \arcsin\left(\frac{Y}{Y_m}\right)$$

将测量结果记录于表 3-4 中。

表 3-4　用椭圆截距法测量相位

椭圆高度 Y_m（格数）	在 Y 轴的截距 Y（格数）	相位差/(°)

（5）实验注意事项
① 函数信号的输出端不能短接。
② 注意仪器要"共地"连接。
（6）预习与思考题
① 用示波器观察信号发生器的波形时，测试线上的红夹子和黑夹子应如何连接？
② 晶体管毫伏表测量的电压是正弦波有效值还是峰峰值？
（7）实验报告要求
① 根据实验记录，列表整理实验数据及描绘移相器电路输入、输出波形。
② 回答实验中提出的思考题。
③ 总结用示波器测量信号电压的幅值、频率和两个同频率信号相位差的步骤和方法。
④ 根据实验体会，总结示波器在调节波形、周期和稳定波形时，各自应调节哪些钮。

3.2　实验二：电路元件伏安特性的测绘

（1）实验目的
① 学习元件伏安特性曲线的测试方法。
② 了解几种线性和非线性元件的伏安特性曲线。
（2）实验仪器

序号	名称	规格	数量	型号
1	万用表		1	MASTECH MY65
2	可调直流稳压电源	0～18V	1	SBL-30221095

续表

序号	名称	规格	数量	型号
3	直流电压表	20V 量程	1	SBL-30111047
4	直流毫安表	200mA 量程	1	SBL-30111047

（3）实验原理

任一二端元件的电阻特性可用该元件上的端电压 U 与通过该元件的电流 I 之间的函数关系 $U=f(I)$ 来表示，即用 U-I 平面上的一条曲线来表征，这条曲线称为该元件的伏安特性曲线。下面是几个常用元件的电压电流关系曲线。

① 线性电阻器的伏安特性曲线是一条通过坐标原点的直线，如图 3-4 中 a 曲线所示，该特性曲线各点斜率与施加在元件上的电压、电流的大小和方向无关，其斜率等于该电阻器的电阻值（以电流为横坐标）。

② 白炽灯在工作时灯丝处于高温状态，其灯丝电阻随着温度的升高而增大，通过白炽灯的电流越大，其温度越高，阻值也越大，一般灯泡的"冷电阻"与"热电阻"的阻值可相差几倍至十几倍，所以它的伏安特性如图 3-4 中 b 曲线所示。

③ 半导体二极管是非线性电阻元件，正向压降很小（一般的锗管为 0.2～0.3V，硅管为 0.5～0.7V），正向电流随正向电压增加而急剧上升；其反向电流随电压增加很小，可视为零。可见，二极管具有单向导电性，其特性如图 3-4 中 c 曲线所示。

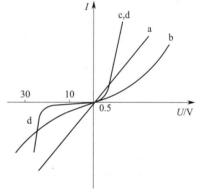

图 3-4　二端元件伏安特性曲线

④ 稳压二极管是一种特殊半导体二极管，其正向特性与普通二极管类似，在反向电压开始增加时，其反向电流几乎为零，但当电压增加到某一数值时电流突然增加，且端电压保持恒定，不随外加的反向电压升高而增大。如图 3-4 中 d 曲线所示。

（4）实验内容

1）测定线性电阻的伏安特性　按图 3-5 接好线路，经检查无误后，接入直流稳压源，调节输出电压依次为表 3-5 所列数值，并将测量所得对应的电流值记录于表 3-5 中。

图 3-5　测量电阻伏安特性电路

图 3-6　测量二极管伏安特性电路

表 3-5　线性电阻元件实验数据

U/V	0	2	4	6	8	10
I/mA						

2）测量非线性白炽灯泡的伏安特性　将图 3-5 中的电阻换成一只 6.3V 的灯泡，重复 1）的步骤。数据填入表 3-6。

表 3-6　非线性白炽灯实验数据

U/V	0	2	4	6	7
I/mA					

3）测量半导体二极管的伏安特性　电路如图 3-6 所示，R 为限流电阻器，阻值为 200Ω，测二极管的正向特性时，其正向电流不得超过 25mA，二极管的正向压降 U_D 可在 0～0.75V 之间取值。做反向特性实验时，只需将图 3-6 中的二极管 VD 反接，且其反向电压可加到 30V。实验结果填入表 3-7 及表 3-8。

表 3-7　正向特性实验数据

U_D/V	0	0.2	0.4	0.45	0.5	0.55	0.60	0.65	0.70	0.75
I/mA										

表 3-8　反向特性实验数据

U_D/V	0	-5	-10	-15	-20	-25	-30
I/mA							

4）测量稳压二极管的伏安特性　将图 3-6 中的二极管 1N4007 换成稳压二极管 2CW51 测量，其正、反向电流不得超过 ±20mA，实验结果填入表 3-9 及表 3-10。

表 3-9　稳压管正向特性实验数据

U/V	0	0.2	0.4	0.45	0.5	0.55	0.60	0.65	0.70	0.75
I/mA										

表 3-10　稳压管反向特性实验数据

U/V	0	-1.5	-2	-2.5	-2.8	-3	-5	-7	-10
I/mA									

（5）实验注意事项

① 稳压电源输出端切勿短路。

② 二极管的正、反向电压差别很大，所以测试电路中稳压电源的输出电压 U_S 应从 0 值开始缓慢增加，切不要增加过快，否则会引起电流骤增而损坏管子。

③ 进行不同实验时，应先估算电压和电流值，合理选择仪表的量限，测量中，随时注意仪表读数，勿使仪表超量限，仪表的极性亦不可接错。

（6）预习与思考

① 线性电阻与非线性电阻的概念是什么？其伏安特性有何区别？

② 如何计算线性电阻与非线性电阻的电阻值？

③ 稳压二极管与普通二极管有何区别，其用途如何？

④ 设某器件伏安特性曲线的函数式为 $I=f(U)$，试问在逐点绘制曲线时，其坐标变量应如何放置？

（7）实验报告要求

① 根据实验数据，分别在方格纸上绘制出光滑的伏安特性曲线。

② 根据实验结果，总结、归纳被测各元件的特性。

③ 实验报告中要有结果分析，分析时要做到有理有据，不能妄下结论，并且要学会抓

住重点进行分析。

3.3　实验三：叠加定理与戴维南定理的验证

（1）实验目的

① 验证叠加定理和戴维南定理，提高对定理的理解和应用能力。

② 掌握叠加定理和戴维南定理的测定方法。

③ 加深对电流和电压参考方向的理解。

④ 熟悉直流电工仪表的使用方法。

（2）实验仪器

序号	名称	规格	数量	型号
1	可调直流稳压电源	0～18V 可调	1	SBL-30221095
2	不可调直流稳压电源	15V	1	SBL-30221095
3	元件箱	电阻若干	1	51Ω×1　100Ω×3 150Ω×2　330Ω×1
4	9孔插线方板	300m×298mm	1	Plug in Board
5	直流电压表	20V 量程	1	SBL-30111047
6	直流毫安表	200mA 量程	1	SBL-30111047

实验仪器实物如图 3-7 所示。

图 3-7　实验仪器实物图

（3）实验原理

1）叠加定理　对于一个具有唯一解的线性电路，由几个独立电源共同作用所形成的各支路电流或电压，是各个独立电源分别单独作用时在各相应支路中形成的电流或电压的代数和。

图 3-8 所示实验电路中有一个电压源 U_S 及一个电流源 I_S。设 U_S 和 I_S 共同作用在电阻 R_1 上产生的电压、电流分别为 U_1、I_1，在电阻 R_2 上产生的电压、电流分别为 U_2、I_2，如图 3-8(a) 所示。为了验证叠加原理，令电压源和电流源分别作用。当电压源 U_S 不作用，即 $U_S=0$ 时，在 U_S 处用短路线代替；当电流源 I_S 不作用，即 $I_S=0$ 时，在 I_S 处用开路代替；而电源内阻都必须保留在电路中。

① 设电压源 U_S 单独作用时（电流源支路开路）引起的电压、电流分别为 U_1'、U_2'、I_1'、I_2'，如图 3-8(b) 所示。

(a) 电源共同作用电路　　　　(b) 电压源单独作用电路　　　　(c) 电流源单独作用电路

图 3-8　电源共同作用与分别单独作用电路

② 设电流源单独作用时（电压源支路短路）引起的电压、电流分别为 U''_1、U''_2、I''_1、I''_2，如图 3-8(c) 所示。

这些电压、电流的参考方向均已在图中标明。验证叠加定理，即验证下式成立。

$$\begin{cases} U_1 = U'_1 + U''_1,\ U_2 = U'_2 + U''_2 \\ I_1 = I'_1 + I''_1,\ I_2 = I'_2 + I''_2 \end{cases} \tag{3-1}$$

2) 戴维南定理　一个含独立电源、受控源和线性电阻的二端网络，其对外作用可以用一个电压源串联电阻的等效电源代替，其等效电压源电压等于此二端网络的开路电压，其等效内阻是二端网络内部各独立电源置零后所对应的无源的二端网络的输入电阻（或称等效电阻），如图 3-9～图 3-11 所示。

图 3-9　戴维南等效电路

图 3-10　有源二端网络的开路电压 U_{OC} 和输入电阻 R_i

图 3-11 直接测量 U_{OC}

（4）实验内容

1）叠加定理的实验步骤

① 按图 3-12 接线，取直流稳压电源 $U_{S1}=10V$，$U_{S2}=15V$，电阻 $R_1=330\Omega$，$R_2=100\Omega$，$R_3=51\Omega$。

图 3-12 验证叠加原理的实验线路

② 当 U_{S1}、U_{S2} 两电源共同作用时，测量各支路电流和电压值。选择合适的电流表和电压表量程，及接入电路的极性。用短接桥（或导线）将"5"和"2"连接起来，接通电源 U_{S1}；用短接桥（或导线）将"6"和"4"连接起来，接通电源 U_{S2}，分别测量电流 I_1、I_2、I_3 和电压 U_1、U_2、U_3。根据图 3-12 电路中各电流和电压的参考方向，确定被测电流和电压的正负号后，将数据记入表 3-11 中。

③ 当电源 U_{S1} 单独作用时，测量各电流和电压的值。选择合适的电流表和电压表量程，确定接入电路的极性。用短接桥（或导线）将"5"和"2"连接起来，接通电源 U_{S1}；将"6"和"3"连接起来，使电源 U_{S2} 不作用。分别测量电流 I_1'、I_2'、I_3' 和电压 U_1'、U_2'、U_3'。根据图 3-12 中各电流和电压的参考方向，确定被测电流和电压的正负号后，将数据记入表 3-11 中。

④ 当电源 U_{S2} 单独作用时，测量各电流和电压的值。选择合适的电流表和电压表量程，确定接入电路的极性。用短接桥（或导线）将"5"和"1"连接起来，使电源 U_{S1} 不作用；将"6"和"4"连接起来，接通电源 U_{S2}。分别测量电流 I_1''、I_2''、I_3'' 和电压 U_1''、U_2''、U_3''。根据图 3-12 中各电流和电压的参考方向，确定被测电流和电压的正负号后，将数据记入表 3-11 中。

表 3-11 验证叠加原理实验数据

电源	电流/mA			电压/V		
U_{S1}、U_{S2} 共同作用	I_1	I_2	I_3	U_1	U_2	U_3
U_{S1} 单独作用	I_1'	I_2'	I_3'	U_1'	U_2'	U_3'

续表

电源	电流/mA			电压/V		
U_{S2} 单独作用	I_1''	I_2''	I_3''	U_1''	U_2''	U_3''
验证叠加原理	$I_1=I_1'+I_1''$	$I_2=I_2'+I_2''$	$I_3=I_3'+I_3''$	$U_1=U_1'+U_1''$	$U_2=U_2'+U_2''$	$U_3=U_3'+U_3''$

2）戴维南定理的实验步骤

① 测量有源二端网络的开路电压 U_{OC} 和入端等效电阻 R_i。按图 3-13 所示的有源二端网络接法，取 $U_S=10V$，$R_1=150\Omega$，$R_2=R_3=100\Omega$，参照实验原理与说明，测原网络的开路电压 U_{OC} 和短路电流 I_{SC}，将测量结果记录下来。

$U_{OC}=$ ＿＿＿＿＿＿＿＿；$I_{SC}=$ ＿＿＿＿＿＿＿＿；$R_i=$ ＿＿＿＿＿＿＿＿

根据理论计算戴维南等效电路的电压和电阻值。

$U_{OC}'=$ ＿＿＿＿＿＿＿＿；$I_{SC}'=$ ＿＿＿＿＿＿＿＿；$R_i'=$ ＿＿＿＿＿＿＿＿

② 测定有源二端网络的外特性。在图 3-13 所示有源二端网络的 A、B 端上，依次按表 3-12 中各电阻值作为负载电阻 R_L，测量相应电流 I，记入表 3-12 中。

③ 测定戴维南等效电源的外特性。按图 3-14 接线，图中 U_{OC} 和 R_i 为图 3-13 中有源二端网络的开路电压和等效电阻，U_{OC} 从直流稳压电源取得，R_i 从电阻中取一个近似得到。在 A、B 端接上另一电阻作为负载电阻 R_L，R_L 分别取表 3-12 所列的各值，测量相应的电流 I，记入表 3-12 中。

图 3-13　有源二端网络实验线路　　　　图 3-14　戴维南等效电源电路

表 3-12　有源二端网络及等效电路外特性实验数据

负载电阻 R_L/Ω		0	51	100	150	330
有源二端网络	I/mA					
戴维南等效电源	I/mA					

（5）实验注意事项

① 进行叠加原理实验时，电压源 U_S 不作用，是指 U_S 处用短路线代替，而不是将 U_S 本身短路。

② 测量电压、电流时，要根据图中各电流和电压的参考方向，来判断实际方向，若不

一致，则在该数值前加"一"号。

③ 正确使用仪器，改接电路时需要关掉电源。

（6）预习与思考

① 在进行叠加原理实验时，不作用的电压源、电流源怎样处理？为什么？

② 根据本实验的原理，根据给定的电路参数和电流、电压参考方向，分别计算两电源共同作用和单独作用时各支路电流和电压的值，和实验数据进行对照，并加以总结和验证。

③ 通过对实验数据的计算，判别三个电阻上的功率是否也符合叠加原理。

④ 把 U_{S2} 用恒流源代替，思考如何安排电路原理图。

⑤ 根据图 3-13 中已给定的有源二端网络参数，计算出开路电压 U_{OC} 和等效电阻 R_i。

⑥ 若含源二端网络不允许短路，如何用其他方法测出其等效电阻 R_i？

（7）实验报告要求

① 实验报告要整齐全面，包含全部实验内容。

② 根据实验数据对两个定理进行验证，并作出结论。

③ 实验测得的 U_{OC} 和 R_i 与预习时计算的结果作比较，能得出什么结论？

3.4 实验四：一阶电路响应测试

（1）实验目的

① 观察一阶过渡过程，研究元件参数改变时对过渡过程的影响。

② 学习示波器测绘波形的方法。

（2）实验仪器

序号	名称	规格型号	数量
1	信号发生器	RIGOL-DG822	1
2	示波器	RIGOL-DS1102E	1
3	信号线	—	2
4	9孔插线方板	Plug in Board	1
5	电阻	2kΩ,10kΩ,100kΩ	
6	电容	0.01μF,3300pF	1

（3）实验原理

RC 电路如图 3-15 所示，在脉冲信号（方波）的作用下，电容器充电，电容器上的电压按指数规律上升，即零状态响应

$$u_C(t) = U_C(1 - e^{-t/\tau})$$

电路达到稳态后，将电源短路，电容器放电，其电压按指数规律衰减，即零输入响应

$$u_C(t) = U_C e^{-t/\tau}$$

图 3-15 RC 电路（接方波）

方波作用下两种响应交替产生，清楚地反映出一阶暂态过渡过程的变化规律，如图 3-16 所示。

其中 $\tau = RC$ 称为电路的时间常数，它的大小决定了过渡过程进行的快慢。其物理意义

图 3-16 方波信号下 u_C 的变化规律

是电路零输入响应衰减到初始值的 36.8% 所需要的时间，或者是电路零状态响应上升到稳态值的 63.2% 所需要的时间。虽然真正到达稳态所需要的时间为无限大，但通常认为经过 $(3\sim5)\tau$ 的时间，过渡过程就基本结束，电路进入稳态。

对于一般电路，时间常数均较小，在毫秒甚至微秒级，电路会很快达到稳态，一般仪表尚来不及反应，过渡过程已经消失。因此，用普通仪表难以观测到电压随时间的变化规律。示波器可以观察到周期变化的电压波形，如果使电路的过渡过程按一定周期重复出现，示波器荧光屏上就可以观察到过渡过程的波形。本实验用脉冲信号源作为实验电源，由它产生一个固定频率的方波，模拟阶跃信号。在方波的上升沿相当于接通直流电源，电容器通过电阻充电，方波下降沿相当于电源短路，电容器通过电阻放电。方波周期性重复出现，电路就不断地进行充电、放电。将电容器两端接到示波器输入端，就可观察到一阶电路充电、放电的过渡过程。

（4）实验内容

① 观察并记录电容器上的过渡过程。按图 3-15 接好电路。调节方波频率为 1kHz 并使占空比为 1:1，方波幅值为 3.0V，$R=10\text{k}\Omega$，$C=0.01\mu\text{F}$。观察示波器上的波形，并用方格纸记录下所观察到的波形。将结果填入表 3-13。从波形图上测量电路的时间常数 τ，然后与时间常数理论值相比较，分析二者不同的原因。

表 3-13 测时间常数表

$R=10\text{k}\Omega,C=0.01\mu\text{F}$			
激励源 U_S 波形 ($U_S=3.0\text{V}, f=1\text{kHz}$)	响应 u_C 波形	τ 的测量值	τ 的计算值
u_S ↑ 0 → t	u_C ↑ 0 → t		

② 按表 3-14 改变电路参数重复步骤①的实验内容，并将结果填入表中。

表 3-14 改变 RC 电路参数时的响应波形图

	方波信号		方波信号
$U_S=3.0\text{V}$ $f=1\text{kHz}$ 方波	u_S / t 坐标图，原点 0	$U_S=3.0\text{V}$ $f=1\text{kHz}$ 方波	u_S / t 坐标图，原点 0
R 值	$C=0.01\mu\text{F}$	R 值	$C=0.01\mu\text{F}$
$2\text{k}\Omega$	u_C / t 坐标图，原点 0	$2\text{k}\Omega$	u_R / t 坐标图，原点 0
$10\text{k}\Omega$	u_C / t 坐标图，原点 0	$10\text{k}\Omega$	u_R / t 坐标图，原点 0
$100\text{k}\Omega$	u_C / t 坐标图，原点 0	$100\text{k}\Omega$	u_R / t 坐标图，原点 0

③ 观察并记录表 3-14 各种情况下电阻上电压随时间的变化规律 $u_R(t)$。

（5）实验注意事项

① 调节电子仪器旋钮时，动作要轻，不要用力过猛，以免损坏仪器。示波器的辉度不要太亮，尤其是光点长期停在荧光屏上不动时，应将辉度调暗，以延长示波管寿命。

② 信号源的接地端与示波器的接地端要连在一起，以防外界干扰而影响测量结果的准确性。

（6）实验报告要求

① 根据实验观察结果，绘出 RC 一阶电路充放电时 u_C 的变化曲线，由曲线测得 τ 值，并与计算值进行比较，分析误差原因。

② 根据实测结果，分析说明 RC 电路 u_C 和 RL 电路 u_R 波形的特点和原理。

3.5 实验五：R、L、C 元件阻抗特性的测定

（1）实验目的

① 验证电阻、感抗、容抗与频率的关系，测定 $R\text{-}f$、$X_L\text{-}f$、$X_C\text{-}f$ 特性曲线。

② 加深理解 R、L、C 元件端电压与电流间的相位关系。

（2）实验仪器

序号	名称	型号与规格	数量	备注
1	信号发生器	RIGOL-DG822	1	
2	交流毫伏表	—	1	
3	双踪示波器	DS1102E	1	
4	实验线路元件	—	1	DG09
5	频率计	—	1	DG08

（3）实验原理

① 在正弦交变信号作用下，R、L、C 电路元件在电路中的抵抗电流作用与信号的频率有关，其阻抗频率特性 $R\text{-}f$，$X_L\text{-}f$，$X_C\text{-}f$ 曲线如图 3-17 所示。

② 元件阻抗频率特性的测量电路如图 3-18 所示。

图 3-17　阻抗频率特性曲线

图 3-18　测量电路

图 3-18 中的 r 是提供测量回路电流用的标准小电阻，由于 r 的阻值远小于被测元件的阻抗值，因此可以认为 AB 之间的电压就是被测元件 R 或 L 或 C 两端的电压，流过被测元件的电流则可由 r 两端的电压除以 r 所得。

若用双踪示波器同时观察 r 与被测元件两端的电压，就可展现出被测元件两端的电压和流过该元件电流的波形，从而可在荧光屏上测出电压与电流的幅值及它们之间的相位差。

③ 将元件 R、L、C 串联或并联，亦可用同样的方法测得 $Z_{串}$ 与 $Z_{并}$ 时的阻抗频率特性 $|Z|\text{-}f$，根据电压、电流的相位差可判断 $Z_{串}$ 或 $Z_{并}$ 是感性还是容性负载。

④ 元件的阻抗角（即相位差 φ）随输入信号的频率变化而改变，将各个不同频率下的相位差画在以频率 f 为横坐标、阻抗角 φ 为纵坐标的坐标纸上，并用光滑的曲线连接这些点，即得到阻抗角的频率特性曲线。

用双踪示波器测量阻抗角的方法如图 3-19 所示。荧光屏上数的一个周期占 n 格，相位差占 m 格，则实际的相位差 φ（阻抗角）为

$$\varphi = m \times \frac{360°}{n}$$

（4）实验内容

① 测量 R、L、C 元件的阻抗频率特性。通过电缆线将低频信号发生器输出的正弦信号接至如

图 3-19　阻抗角的测量

图 3-18 所示的电路作为激励源，并用交流毫伏表测量，将电压的有效值调为 $U = 3\text{V}$，并保

持不变。

使信号源的输出频率从 200Hz 逐渐增至 5kHz（用频率计测量），并使开关 S 分别接通 R、L、C 三个元件，用交流毫伏表测量 U_r，并通过计算得到各频率点时的 R、X_L 与 X_C 的值，记录于表 3-15 中。

表 3-15 R、L、C 元件频率特性数据表

	频率 f/kHz	
	U_r/mV	
R	$I_R(=U_r/r)$/mA	
	$R(=U/I_R)$/kΩ	
	U_r/mV	
L	$I_L(=U_r/r)$/mA	
	$X_L(=U/I_L)$/kΩ	
	U_r/mV	
C	$I_C(=U_r/r)$/mA	
	$X_C(=U/I_C)$/kΩ	

② 用双踪示波器观察在不同的频率下各元件的阻抗角的变化情况，并记录于表 3-16。
③ 测量 R、L、C 元件串联的阻抗角频率特性。

表 3-16 R、L、C 元件串联的阻抗角频率特性

频率 f/kHz	
n/格	
m/格	
φ/($^\circ$)	

（5）实验注意事项
① 交流毫伏表属于高阻抗电表，测量前必须先调零。
② 测 φ 时，示波器的"V/div"和"t/div"的微调旋钮应旋至"校准位置"。
（6）预习与思考
测量 R、L、C 各个元件的阻抗角时，为什么要与它们串联一个小电阻？可否用一个小电感或大电容代替？为什么？
（7）实验报告要求
① 根据实验数据，在方格纸上绘制 R、L、C 三个元件各自的阻抗频率特性曲线，从中可得出什么结论？
② 根据实验数据，在方格纸上绘制 R、L、C 三个元件串联的阻抗角频率特性曲线，并总结、归纳出结论。
③ 心得体会及其他。

3.6 实验六：交流电路等效参数的测量

（1）实验目的
① 学会用交流电压表、交流电流表和功率表测量元件的交流等效参数。
② 学会功率表的接法和使用。

（2）实验仪器

序号	名称	规格与型号	数量	备注
1	交流电压表	0～500V	1	SBL-30121098
2	交流电流表	0～2A	1	SBL-30121098
3	功率表	0～1000W	1	SBL-30121098
4	自耦调压器	—	1	
5	电感线圈	40W 日光灯配用	1	SBL-30121036
6	电容器	4.7μF	1	SBL-30121036
7	白炽灯	40W/220V	1	

实验仪器实物如图 3-20 所示。

图 3-20　实验仪器实物图

（3）实验原理

1）正弦交流激励下的元件值或阻抗值　可以用交流电压表、交流电流表及功率表，分别测量出元件两端的电压 U，流过该元件的电流 I 和它所消耗的功率 P，然后通过计算得到所求得各值，这种方法称为三表法，是用以测量 50Hz 交流电路参数的基本方法。

计算的基本公式如下：

阻抗的模
$$|Z| = \frac{U}{I}$$

电路的功率因数
$$\cos\varphi = \frac{P}{UI}$$

等效电阻
$$R = \frac{P}{I^2} = |Z|\cos\varphi$$

等效电抗
$$X = |Z|\sin\varphi$$
$$X = X_L = 2\pi f L$$

或
$$X = X_C = \frac{1}{2\pi f C}$$

2）阻抗性质的判别方法　在被测元件的两端并联电容或串联电容来加以判别。方法与原理如下。

① 在被测元件两端并联一只适当容量的实验电容，若串联在电路中的电流表的读数增大，则被测阻抗为容性，电流减小则为感性。

图 3-21（a）中，Z 为待测定的元件，C' 为实验电容器。图 3-21（b）是图 3-21（a）的等效电路，图中 G、B 分别为待测阻抗 Z 的电导和电纳，B' 为并联电容 C' 的电纳。在端电压

有效值不变的条件下，按下面两种情况进行分析。

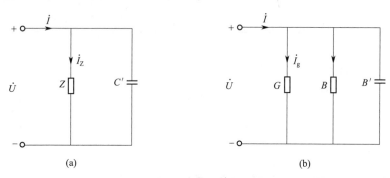

图 3-21 并联电容测量法

a. 设 $B+B'=B''$，若 B' 增大，B'' 也增大，则电路中电流 I 将单调上升，故可判断 B 为容性元件。

b. 设 $B+B'=B''$，若 B' 增大，而 B'' 先减小而后再增大，电流 I 也是先减小后上升，如图 3-22 所示，则可判断 B 为感性元件。

由以上分析可见，当 B 为容性元件时，对并联电容 C' 值无特殊要求；而当 B 为感性元件时，$B'<|2B|$ 才有判定为感性的意义。$B'>|2B|$ 时，电流单调上升，与 B 为容性时相同，并不能说明电路是感性的。因此 $B'<|2B|$ 是判断电路性质的可靠条件，由此得判定条件为

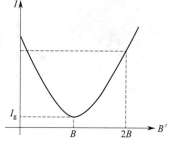

图 3-22 I-B 关系曲线

$$C'<\left|\frac{2B}{\omega}\right|$$

② 与被测元件串联一个适当容量的实验电容，若被测阻抗的端电压下降，则判为容性，端电压上升则为感性，判定条件为

$$\frac{1}{\omega C'}<|2X|$$

式中，X 为被测阻抗的电抗值；C' 为串联试验电容值。此关系式可自行证明。

判断待测元件的性质，除上述借助于试验电容 C' 测定法外，还可以利用该元件电流、电压间的相位关系：若 i 超前于 u，为容性；i 滞后于 u，则为感性。

3）功率表的结构、接线与使用 功率表（又称为瓦特表）是一种动圈式仪表，其电流线圈与电路串联，电压线圈与电路并联。电压线圈可以在电源端并联使用，也可以在负载端并联使用，此即为并联电压线圈的前接法和后接法之分，后接法会使读数产生较大的误差，因为并联电压线圈所消耗的功率也计入了功率表的读数之中。图 3-23 所示是功率表并联电压线圈前接法的外部连接线路。

（4）实验内容

测试线路如图 3-24 所示。

① 按图 3-24 接线，并经指导老师检查后，方可接通市电电源。

② 分别测量 40W 白炽灯（R）、40W 日光灯镇流器（L）和 $4.7\mu F$ 电容器（C）的电压、电流、功率及阻抗角，计入表 3-17。

③ 测量 L、C 串联与并联后的等效参数。

图 3-23　功率表外部连接线路图　　　　　　图 3-24　测试线路图

④ 用并接试验电容的方法来判别 L、C 串联和并联后阻抗的性质。

⑤ 观察并测定功率表电压并联线圈前接法与后接法对测量结果的影响。

表 3-17　实验记录

被测阻抗	测量量				计算量		电路等效参数		
	U/V	I/A	P/W	φ(Z 的性质)	$\|Z\|/\Omega$	φ	R/Ω	L/H	C/F
40W 白炽灯等器件									
电感线圈 L									
电容器 C									
L 与 C 串联									
L 与 C 并联									

（5）实验注意事项

① 本试验直接用市电 220V 交流电源供电，试验中要特别注意人身安全，不可用手直接触摸通电线路的裸露部分，以免触电，进实验室应穿绝缘鞋。

② 自耦调压器在接通电源前，应将其手柄置在零位上，调节时，使其输出电压从零开始逐渐升高。每次连接试验线路或实验完毕，都必须先将其手柄慢慢调回零位，再断开电源。必须严格遵守这一安全操作规程。

③ 功率表要正确接入电路，读数时应注意量程和标度尺的折算关系。

④ 功率表不能单独使用，一定要有电压表和电流表监测，使电压表和电流表的读数不超过功率表电压和电流的量限。

⑤ 电感线圈 L 中流过的电流不得超过 0.4A。

（6）预习与思考

① 在 50Hz 的交流电路中，测得一只铁芯线圈的 P、I 和 U，如何算得它的阻值和电感量？

② 如何用串联电容的方法来判别阻抗的性质？试用 I 随 X_C'（串联容抗）的变化关系作定性分析，证明串联试验时，C' 满足

$$\frac{1}{\omega C'} < |2X|$$

（7）实验报告要求

① 根据实验数据，完成各项计算。

② 完成预习与思考①、②的任务。

③ 分析功率表并联电压线圈前、后接法对测量结果的影响。

④ 总结功率表与自耦调压器的使用方法。

⑤ 心得体会及其他。

3.7 实验七：单相正弦交流电路功率因数的提高

（1）实验目的

① 了解日光灯的工作原理，学会安装日光灯。

② 了解提高功率因数的意义和方法。

③ 学会使用功率表和功率因数表。

（2）实验仪器

序号	名称	规格与型号	数量
1	交流电压表	SBL-30121098	1
2	交流电流表	SBL-30121098	1
3	功率表	SBL-30121098	1
4	镇流器	与 40W 日光灯配用	1
5	可变电容箱	SBL-30121036	1
6	日光灯管	40W	1

（3）实验原理

日光灯发光时，灯管可认为是电阻负载，镇流器可以认为是感性负载，两者构成一个 RL 串联电路。日光灯工作时的整个电路可用图 3-25(a) 所示等效电路来表示。

(a) 日光灯工作等效电路图   (b) 日光灯工作等效电路相量图

图 3-25　日光灯工作原理图

日光灯电路中，电压 $\dot{U}$ 比端电流 $\dot{I}_L$ 在相位上超前 φ_1。为了提高功率因数，可在日光灯两端并联电容 C，此时，电压 $\dot{U}$ 比端电流 $\dot{I}$ 在相位上超前 φ。选择适当的电容 C，可使 $\varphi_1 > \varphi$，即 $\cos\varphi_1 < \cos\varphi$，电源的功率因数得以提高。

从图 3-25(b) 所示相量图中可以看出，总电流 $\dot{I}$ 随电容电流的增大而减小，此时电路为电感性，当 $\dot{I}$ 减小到与 $\dot{U}$ 同相时，电路变为电阻性，继续增大电容电流，总电流 $\dot{I}$ 重新增大，电路变为电容性。因此总电流的变化为先减小后增大，相对应地，功率因数先增大后减小。

（4）实验内容

① 调单相交流电压 220V，按图 3-26 将日光灯电路接线，注意功率表的接法。经老师检查后，调 $C = 0$，用交流电压表和交流电流表测量 U、U_L、$U_{灯}$、I、I_C、$I_{灯}$ 和 P，并记入表 3-18。注意分辨清楚三个电流表测的电流分别是流经哪部分电路。

② 改变电容值为 $1\mu F$，$2\mu F$，$3\mu F$，$3.7\mu F$，$4.7\mu F$，$5.7\mu F$，$6.7\mu F$，分别测上述各数据，并记入表 3-18。检查数据后，切断电源，拆除电路。

图 3-26　功率因数提高实验电路

表 3-18　实验数据

$C/\mu F$	U/V	U_L/V	$U_{灯}/V$	I/A	$I_{灯}/A$	I_C/A	P/W	φ	$\cos\varphi$(测)	$\cos\varphi$(计算)
0										
1										
2										
3										
3.7										
4.7										
5.7										
6.7										

（5）实验注意事项

① 用电流插孔测量电流时，注意把短路环拔出，否则电流表被短路没有示数。

② 功率表连接时，注意电压电流非"＊"端子的区分。

③ 注意电容元件的并联位置。

（6）预习与思考

① 明确功率因数提高的实验原理，根据实验观察结果，计算出功率因数，并与测量值相比较，分析其不同的原因。

② 理论上电路总有功功率随 C 变化应如何变化？实际如何变化？试分析原因。

③ 日光灯上的电流随 C 变化如何变化？说明原因。

④ $U_L + U_{灯} = U$ 吗？为什么？

（7）实验报告要求

① 根据实测结果，利用相量图和数学公式分别说明各电压、各电流的变化规律。

② 阐述不能利用电容串联提高功率因数的原因。

3.8　实验八：*RLC* 串联谐振电路的研究

（1）实验目的

① 研究 *RLC* 串联电路的交流谐振现象。

② 测量 *RLC* 串联谐振电路的幅频特性曲线。

③ 学习并掌握电路品质因数 Q 的测量方法及其物理意义。

（2）实验仪器

序号	名称	规格与型号	数量
1	低频信号发生器	DG03	1
2	交流毫伏表	—	1
3	电阻箱	—	1
4	电容箱	—	1
5	空芯电感器	0.35H	1

（3）实验原理

在 RLC 串联电路中，若接入一个电压幅度一定，频率 f 连续可调的正弦交流信号源（图 3-27），则电路参数都将随着信号源频率的变化而变化（图 3-28）。

电路总阻抗：

$$Z = \sqrt{R^2 + (X_L - X_C)^2} = \sqrt{R^2 + \left(\omega L - \frac{1}{\omega C}\right)^2}$$

$$I = \frac{u_i}{Z} = \frac{u_i}{\sqrt{R^2 + \left(\omega L - \frac{1}{\omega C}\right)^2}}$$

式中，信号源角频率 $\omega = 2\pi f$，容抗 $X_C = \frac{1}{\omega C}$，感抗 $X_L = \omega L$。

图 3-27 串联谐振电路

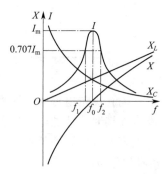

图 3-28 RLC 串联谐振电路 I 随 f 的变化曲线

各参数随 f 变化的趋势如图 3-28 所示。ω 很小时，电路总阻抗 $|Z| \rightarrow \sqrt{R^2 + \left(\frac{1}{\omega C}\right)^2}$；$\omega$ 很大时，电路总阻抗 $|Z| \rightarrow \sqrt{R^2 + (\omega L)^2}$；当 $\omega L = \frac{1}{\omega C}$，容抗感抗互相抵消，电路总阻抗 $Z = R$，为最小值，而此时回路电流则成为最大值 $I_{max} = \frac{U_S}{R}$，这个现象即为谐振现象。发生谐振时的频率 f_0 称为谐振频率，此时的角频率 ω_0 即为谐振角频率，它们之间的关系为

$$\omega_0 = \sqrt{\frac{1}{LC}}$$

$$f_0 = \frac{\omega_0}{2\pi} = \frac{1}{2\pi\sqrt{LC}}$$

谐振时，通常用品质因数 Q 来反映谐振电路的固有性质

$$Q = \frac{X_C}{R} = \frac{X_L}{R} = \frac{U_C}{U_R} = \frac{U_L}{U_R}$$

$$Q = \frac{1}{\omega_0 RC} = \frac{\omega_0 L}{R} = \frac{1}{R}\sqrt{\frac{L}{C}}$$

结论：

① 在谐振时，$U_R = U_S$，$U_L = U_C = QU_S$，所以电感和电容上的电压达到信号源电压的 Q 倍，故串联谐振电路又称为电压谐振电路。

② Q 值决定了谐振曲线的尖锐程度，或称为谐振电路的通频带宽度，见图 3-28，当电流 I 从最大值 $I_{\max}$ 下降到 $\frac{1}{\sqrt{2}} I_{\max}$ 时，在谐振曲线上对应有两个频率 f_1 和 f_2，$BW = f_2 - f_1$，即为通频带宽度。显然，BW 越小，曲线的峰就越尖锐，电路的选频性能就越好，可以证明

$$Q = \frac{f}{BW}$$

（4）实验内容

① 测量 R、C、L 串联电路响应电流的幅频特性曲线和 $U_L(\omega)$、$U_C(\omega)$ 曲线。实验电路如图 3-27 所示，选取元件 $R = 500\Omega$，$L = 350\text{mH}$，$C = 0.3\mu\text{F}$。调节低频信号发生器输出电压 $U_S = 4\text{V}$（有效值）不变，测量表 3-19 所列频率时的 U_R、U_L 和 U_C 值，记录于表 3-19 中。

该 R、L、C 串联电路，f_0 为 460Hz 左右，为了在谐振频率附近多测几个点，表 3-19 中在 450～500Hz 之间空出两格，由实验者根据情况确定两个频率进行测量。

为了找出谐振频率 f_0 以及出现 U_C 最大值时的频率 f_C、U_L 出现最大值时频率 f_L，可先将频率由低到高初测一次，画出曲线草图，如图 3-29 所示，然后根据曲线形状选取频率，进行正式测量。

② 保持 U 和 L、C 数值不变，使 $R = 1000\Omega$（即改变回路 Q 值）重复上述实验，但只测量 U_R 值，并记录于表 3-20 中。这时谐振频率不变，而回路的品质因数 Q 值降低了，在此条件下，再作出电路响应电流的幅频特性曲线。

由于实验中使用电源频率较高，需要用交流毫伏表来测量电压，电路中的电流则用测量已知电阻上电压降的方法求出。

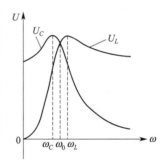

图 3-29　$U_L(\omega)$、$U_C(\omega)$ 曲线

表 3-19　测量电流的幅频特性曲线和 $U_L(\omega)$、$U_C(\omega)$ 曲线

f/Hz	100	200	400	450			500	550	600	800	1000
U_C/V											
U_L/V											
U_R/V											
$U_R/R = I$/mA											

表 3-20　测量 $R = 1000\Omega$ 时电流的幅频特性曲线

f/Hz	100	200	400	450	500	550	600	800	1000
U_R/V									
$U_R/R = I$/mA									

（5）实验注意事项

① 每次改变信号电源的频率后，注意调节输出电压（有效值），使其保持为定值。

② 实验前应根据所选元件数值，从理论上计算出谐振频率 f_0 以便和测量值加以比较。

③ 根据实验数据，在坐标纸上绘出不同 Q 值下的响应电流的幅频特性曲线和 $U_L(\omega)$、

$U_C(\omega)$ 曲线（只画高 Q 值的）。

（6）预习与思考

① 实验中，当 RLC 串联电路发生谐振时，是否有 $U_R=U$ 和 $U_C=U_L$？若关系式不成立，试分析其原因。

② 可以用哪些实验方法判别电路处于谐振状态？

③ 通过实验总结 RLC 串联谐振电路的主要特点。

④ 为了比较不同 Q 值下的 $I\text{-}f$ 曲线，可将第二条幅频曲线所有数值均乘以一个比例数，使在谐振时的电流值相同。

⑤ 谐振时，回路的品质因数可用测得数按下列几种方法计算

$$Q=\frac{U_L}{U}, \quad Q=\frac{U_C}{U}, \quad Q=\frac{\omega_0 L}{R}, \quad Q=\frac{1}{\omega_0 CR}$$

哪一种结果正确？

3.9　实验九：负载星形、三角形连接的三相交流电路研究

（1）实验目的

① 电路中负载做星形和三角形连接的正确方法。

② 验证三相对称负载做星形、三角形连接时负载的相电压和线电压、相电流和线电流之间的关系。

（2）实验仪器

序号	名称	型号规格	数量	备注
1	交流电压表	SBL-30121098	1	
2	交流电流表	SBL-30121098	1	
3	三相自耦调压器	—	1	
4	三相灯组负载	220V/40W 白炽灯	6	

实验仪器实物如图 3-30 所示。

（3）实验原理

在三相电路中，负载的连接方式有两个——星形（也称 Y 形）和三角形（也称 △ 形）。在星形连接中，线电流等于相电流，线电压等于相电压的 $\sqrt{3}$ 倍，中线电流等于零。在三角形连接中，线电压等于相电压，线电流等于相电流的 $\sqrt{3}$ 倍。但在不对称负载做三角形连接时，$I_l \neq \sqrt{3}\,I_p$，但只要电源线电压 U_l 对称，加在三相负载上的电压仍是对称的，对各相负载的工作没有影响。

图 3-30　实验仪器实物图

中线的作用就在于使星形连接的不对称负载的相电压对称。为了保证负载的相电压对称，不能让中线断开，必须接牢靠，倘若中线断开，会导致各相负载电压变化且相互影响。

（4）实验内容

① 按图 3-31 接实验线路，调自耦变压器使输出的三相电压为 220V，各相负载为 2 只 220V/40W 的串联灯泡，分别测量三相负载的线电压、相电压、线电流、相电流、中线电

流、电源与负载中点间的电压，并将所测得数据记入表 3-21 中。除掉中线，重复上述测量记入表 3-21，然后接上中线。

② 星形连接，负载不对称：A 相负载开路（A 相灯泡关闭），B 相负载仍为 2 只灯泡，C 相负载改为 4 只灯泡（2 只并联 2 只串联），电源输出电压仍为 220V，测出三相负载的相电压、相电流、中线电流、电源中点与负载中点间的电压 $U_{NN'}$。

③ 在上述不对称情况下，去掉中线重测上述各量并将结果记入表 3-22，注意观察灯泡亮度的变化，并体验中线的作用。检查数据后，拆除线路。

图 3-31 负载星形连接接线图

表 3-21 星形连接对称负载

项目	线电压 /V			相电压 /V			线（相）电流 /A			中线电流 /A	中点电压 /V
	U_{AB}	U_{BC}	U_{CA}	U_A	U_B	U_C	I_A	I_B	I_C	I_N	$U_{NN'}$
有中线											
无中线											

表 3-22 星形连接不对称负载

项目	线电压 /V			相电压 /V			线（相）电流 /A			中线电流 /A	中点电压 /V
	U_{AB}	U_{BC}	U_{CA}	U_A	U_B	U_C	I_A	I_B	I_C	I_N	$U_{NN'}$
不对称有中线											
不对称无中线											

④ 负载三角形连接（三相三线制供电），按图 3-32 接线，电源输出电压仍为 220V。测出各相负载的相、线电压，相、线电流，记入表 3-23。检查数据后，拆除线路。

图 3-32 负载三角形连接接线图

表 3-23　三角形连接电压电流

项目	开灯盏数			相(线)电压/V			线电流/A			相电流/A		
	AB 相	BC 相	CA 相	U_{AB}	U_{BC}	U_{CA}	I_A	I_B	I_C	I_{AB}	I_{BC}	I_{CA}
三相对称	2	2	2									
三相不对称	0	2	4									

（5）实验注意事项

① 本实验采用三相四线制供电，连接电路前必须先调节三相调压器，使输出的三相电压为 220V，并注意用电和人身安全。

② 每次接线完毕，同组同学应自查一遍，然后经指导老师确认后方可接通电源。

（6）预习与思考

① 熟悉三相交流电路，分析星形连接不对称负载在无中线的情况下，当某相负载开路或短路时会出现什么情况，若接上负载情况又如何？

② 本次试验中为什么要将输入电压调至 220V 使用？

（7）实验报告要求

① 用实验测得的数据检验对称三相电路中相、线电压（电流）间的 $\sqrt{3}$ 倍的关系。

② 根据实验数据和观察到的现象总结三相四线制供电系统中中线的作用。

③ 不对称三角形连接的负载能否正常工作？通过实验来说明。

④ 分别作星形连接对称负载的相、线电压相量图及三角形连接对称负载的相、线电流图，并说明大小及相位关系。

⑤ 心得体会及其他。

3.10　实验十：三相电路功率的测量

（1）实验目的

① 掌握用一瓦特表法、二瓦特表法测量三相电路有功功率与无功功率。

② 进一步熟练掌握功率表的接线和使用方法。

（2）实验仪器

序号	名称	型号与规格	数量	备注
1	交流电压表	0～500V	1	SBL-30121098
2	交流电流表	0～2A	1	SBL-30121098
3	单相功率表	0～1000W	2	SBL-30121098
4	三相自耦调压器	—	1	
5	三相灯组负载	220V/40W 白炽灯	6	SBL-30111093
6	三相电容负载	$1\mu F/500V, 2\mu F/500V, 3.7\mu F/500V$	各 3	SBL-30121036

（3）实验原理

① 对于三相四线制供电的三相星形连接的负载（即 Y_0 接法），可用一只功率表测量各相的有功功率 P_A、P_B、P_C，则三相负载的总有功功率 $\sum P = P_A + P_B + P_C$。这就是一瓦特表法，如图 3-33 所示。若三相负载是对称的，则只需测量一相的功率，再乘以 3 即得三相总的有功功率。

② 三相三线制供电系统中，不论三相负载是否对称，也不论负载是星形连接还是三角形连接，都可用二瓦特表法测量三相负载的总有功功率。测量线路如图 3-34 所示。若负载为感性或容性，且当相位差 $\varphi > 60°$ 时，线路中的一只功率表指针将反偏（数字式功率表将

出现负读数），这时应将功率表电流线圈的两个端子调换（不能调换电压线圈端子），其读数应记为负值。三相总功率 $\sum P = P_1 + P_2$（P_1、P_2 本身不含任何意义）。

图 3-33　一瓦特表法

图 3-34　二瓦特表法

除图 3-34 的 I_A、U_{AC} 与 I_B、U_{BC} 接法外，还有 I_B、U_{AB} 与 I_C、U_{AC} 以及 I_A、U_{AB} 与 I_C、U_{BC} 两种接法。

③ 对于三相三线制供电的三相对称负载，可用一瓦特表法测得三相负载的总无功功率 Q，测试原理线路如图 3-35 所示。图示功率表读数的 $\sqrt{3}$ 倍即为对称三相电路总的无功功率。除了此图给出的一种连接法 I_A、U_{BC} 外，还有另外两种连接法，即接成 I_B、U_{AC} 或 I_C、U_{AB}。

④ 三瓦特表法测量有功功率。对于三相四线制供电的三相星形连接的负载（即 Y 形接法），无论负载对称与否，均可用三只功率表分别测出各相负载的有功功率，然后将各相的功率相加而得到三相电路的有功功率，此种方法简称三瓦特表法，如图 3-36 所示。

$$\sum P = P_1 + P_2 + P_3$$

若三相负载是对称的，每相负载所消耗的功率相等，只需测出一相负载的功率，即可得到三相负载所消耗的功率。

$$\sum P = 3P_1 = 3P_2 = 3P_3$$

图 3-35　三相对称负载无功功率测定

图 3-36　三瓦特表法测量有功功率电路

（4）实验内容

① 用一瓦特表法测定三相对称 Y_0 接以及不对称 Y_0 接负载的总功率 P。实验按图 3-37 线路接线。线路中的电流表和电压表用以监视该相的电流和电压，不要超过功率表电压和电流的量程。

经指导老师检查后，接通三相电源，调节调压器使输出电压为 220V，按表 3-24 的要求

图 3-37 一瓦特表法电路

进行测量及计算。

表 3-24 一瓦特表法

负载情况	开灯盏数			测量数据			计算值
	A 相	B 相	C 相	P_A/W	P_B/W	P_C/W	$\sum P$/W
Y_0 接对称负载	2	2	2				
Y_0 接不对称负载	0	2	4				

首先将表按图 3-37 接入 B 相进行测量，然后分别将表换接到 A 相和 C 相，再进行测量。

② 用二瓦特表法测定三相负载的总功率。

a. 按图 3-38 接线，将三相灯组负载接成星形接法。经指导教师检查后，接通三相电源，调节调压器使输出电压为 220V，按表 3-25 的内容进行测量。

图 3-38 二瓦特表法电路

b. 将三相灯组负载改成三角形接法，重复 a 的测量步骤，数据记入表 3-25 中。

表 3-25 二瓦特表法

负载情况	开灯盏数			测量数据		计算值
	A 相	B 相	C 相	P_1/W	P_2/W	$\sum P$/W
星形连接平衡负载	2	2	2			
星形连接不平衡负载	0	2	4			
三角形连接不平衡负载	0	2	4			
三角形连接平衡负载	2	2	2			

c. 将两只瓦特表依次按另外两种接法接入线路，重复 a、b 的测量（表格自拟）。

③ 用一瓦特表法测定三相对称星形负载的无功功率，按图 3-39 所示的电路接线。

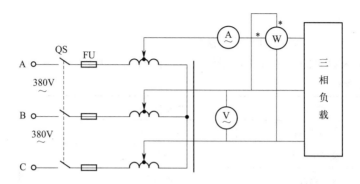

图 3-39　一瓦特表法测定三相对称星形负载的无功功率

a. 每相负载由白炽灯和电容器并联而成，并由开关控制其接入。检查接线无误后，接通三相电源，调节调压器使输出电压为 220V，读取三表的读数，并计算无功功率 $\sum Q$，记入表 3-26。

b. 分别按 I_B、U_{AC} 和 I_C、U_{AB} 接法，重复 a 的测量，并比较各自的 $\sum Q$ 值。

表 3-26　测量数据

接法	负载情况	测量值			计算值
		U/V	I/A	Q/var	$\sum Q = \sqrt{3}Q$
I_A，U_{BC}	①三相对称灯组(每相开 2 盏)				
	②三相对称电容器(每相 4.7μF)				
	③ ①、②的并联负载				
I_B，U_{BC}	①三相对称灯组(每相开 2 盏)				
	②三相对称电容器(每相 4.7μF)				
	③ ①、②的并联负载				
I_C，U_{BC}	①三相对称灯组(每相开 2 盏)				
	②三相对称电容器(每相 4.7μF)				
	③ ①、②的并联负载				

（5）实验注意事项

每次实验完毕，均需将三相调压器旋柄调回零位。每次改变接线，均需断开三相电源，以确保人身安全。

（6）预习与思考

① 复习二瓦特表法测量三相电路有功功率的原理。

② 复习一瓦特表法测量三相对称负载无功功率的原理。

③ 测量功率时为什么通常在线路中接有电流表和电压表？

（7）实验报告要求

① 完成数据表格中的各项测量和计算任务。比较一瓦特表和二瓦特表法的测量结果。

② 总结、分析三相电路功率测量的方法与结果。

3.11　实验十一：功率因数及相序的测量

（1）实验目的

① 掌握三相交流电路相序的测量方法。

② 熟悉功率因数表的使用方法，了解负载性质对功率因数的影响。

（2）实验仪器

序号	名称	型号与规格	数量	备注
1	单相功率表	0～1000W	1	SBL-30121098
2	交流电压表	0～500V	1	SBL-30121098
3	交流电流表	0～2A	1	SBL-30121098
4	白炽灯组负载	40W/220V	3	SBL-30111093
5	电感线圈	40W 日光灯管配用	1	SBL-30121036
6	电容器	1μF/450V	1	SBL-30121036
7	刀开关	—	3	

（3）实验原理

图 3-40 所示为相序指示器电路，用以测定三相电源的相序 A、B、C。它是由一个电容器和两个同阻值电灯连接成的星形不对称三相负载电路。如果电容器所接的是 A 相，则灯光较亮的是 B 相，较暗的是 C 相（相序是相对的，任何一相均可作为 A 相，但 A 相确定后，B 和 C 两相也就确定了）。

图 3-40　相序指示器电路

为了分析问题简单，设 $X_C = R_B = R_C = R$，$\dot{U}_A = U_P$ $\angle 0°$ 为参考相量，电源的中点 N 作为参考节点，根据节点电压法负载中点和电源中点的电压为

$$\dot{U}_{N'N} = \frac{\dot{U}_A \cdot j\omega C + \dfrac{\dot{U}_B}{R} + \dfrac{\dot{U}_C}{R}}{j\omega C + \dfrac{1}{R} + \dfrac{1}{R}} = \frac{U_P j + U_P \angle -120° + U_P \angle 120°}{j + 2} = (-0.2 + j0.6)U_P$$

那么 B 相灯泡所承受的电压

$$\dot{U}_{BN'} = \dot{U}_{BN} - \dot{U}_{N'N} = U\angle -120° - (-0.2 + j0.6)U_P = (-0.3 - j1.47)U_P$$

C 相灯泡两端电压

$$\dot{U}_{CN'} = \dot{U}_{CN} - \dot{U}_{N'N} = U\angle 120° - (-0.2 + j0.6)U_P = (-0.3 + j0.266)U_P$$

所以 $U_{BN'} = 1.5U_P$，$U_{CN'} = 0.4U_P$，由此可见灯泡亮的一相是 B 相，暗的一相是 C 相，从而确定出电源的相序。

（4）实验内容

1）相序的测定

① 按图 3-40 所示电路接线，取 220V/40W 白炽灯两只，$1\mu F/450V$ 电容器一只，经三相调压器接入电压为 220V 的三相交流电源，观察两只灯泡的明亮状态，判断三相交流电源的相序。

② 将电源线任意调换两根后再接入电路，观察两灯的明亮状态，判断三相交流电源的相序。

2）电路功率（P）和功率因数（$\cos\varphi$）的测定　按图 3-41 所示接线，按表 3-27 所示的开关状态合闸，记录 $\cos\varphi$ 表及其他各表的读数，并分析负载性质。

图 3-41　P、$\cos\varphi$ 测量电路

表 3-27　开关状态

开关状态	U/V	U_R/V	U_L/V	U_C/V	I/A	P/W	$\cos\varphi$	负载性质
SA_1 合；SA_2 及 SA_3 随意								
SA_2 合；SA_1 及 SA_3 断								
SA_3 合；SA_1 及 SA_2 断								
SA_2 及 SA_3 合；SA_1 断								

（5）实验注意事项

每次改接电路都必须先断开电源。

（6）预习与思考

根据电路理论来分析图 3-40 所示电路检测相序的原理。

（7）实验报告要求

① 简述实验电路的相序检测原理。

② 根据三表测量的数据计算出 $\cos\varphi$，并与 $\cos\varphi$ 的读数比较，分析误差原因。

③ 分析负载性质对 $\cos\varphi$ 的影响。

④ 心得体会及其他。

3.12　实验十二：三相异步电动机的正反转控制

（1）实验目的

① 对交流接触器、按钮开关、热继电器有直观认识并学会使用，加深对常用低压控制电器的作用及原理的理解。

② 通过实际操作掌握电气控制线路的安装接线，加强对电气控制原理的理解。

（2）实验仪器

序号	名称	型号与规格	数量	备注
1	三相笼型电动机	380/三角形连接　1400r/min	1	
2	交流接触器	380V/50Hz	2	SBL-30421004
3	热继电器	—	1	SBL-30421005
4	按钮开关	—	3	SBL-30411007
5	自动空气断路器	—	1	

实验仪器实物如图 3-42 所示。

图 3-42　实验仪器实物图

图 3-43　三相异步电动机正反转控制线路图

（3）实验原理

三相异步电动机正反转控制电路如图 3-43 所示，利用两个接触器 KM_1 和 KM_2 通过改变定子绕组电源相序实现正反转控制。为避免短路发生，应保证两接触器不能同时处于通电状态。即将 KM_1 的常闭触点串在 KM_2 的线圈电路中；将 KM_2 的常闭触点串在 KM_1 的线圈电路中。同时将正转按钮 SB_1 的常闭触点串在反转控制电路中，将反转按钮 SB_2 的常闭触点串在正转控制电路中。电动机的控制过程如下。

按下 SB_1→KM_1 线圈通电→KM_1 主触点闭合，电动机正转运行；同时常开触点闭合自锁，常闭触点断开，连锁。按 SB_3→KM_1 线圈断电→主触点断开电动机停转；同时常开触点断开，常闭触点闭合，恢复常态。按下 SB_2 动作原理同正转，只是此时 KM_2 工作使电动机反转。

当电动机正转时按下反转按钮，因有机械互锁电动机先断电后反转，不会造成短路。反之也同样。

控制电路除可控制正反转外，还有短路、过载、欠压保护。当电动机短路或过载、欠电压时，能自动切断电源，防止电源短路及欠压、过载对电动机造成危害。

（4）实验内容

① 观察各电器的外形结构，图形符号及接线方法。

② 仔细阅读电动机铭牌，根据要求接成星形或三角形，检查电源电压，线电压应为 380V。

③ 按图 3-43 接线，接线时先接主电路，再接控制电路。接控制线路时先接串联再接并联。电路接好后应先进行自查，然后经指导老师检查后方可进行通电操作。

④ 按正向启动按钮 SB_1，电动机应能正常启动。电动机转动后观察电动机的转向是否正确，若不是正转将电源端的任意两根电源线对调。正转运行后按停止按钮 SB_3，电动机应能够停止。观察整个过程中继电器动作情况。

⑤ 按反转按钮 SB_2，电动机应能够反转。若还为正转，说明主电路 KM_2 主触点接线有问题，没有调相。反转运行后按停止按钮 SB_3 电动机应能够停止。若不停止，说明 SB_3 没被串在电路里。

⑥ 电动机正转运行时直接按反转按钮，反转运行时直接按正转按钮，均应能够达到安全改变转向，没有短路现象。

⑦ 电动机停稳后，同时按下 SB_1 和 SB_2 按钮，应不会出现短路等异常情况。

⑧ 故障诊断如下。

按启动按钮（SB_1 或 SB_2），接触器吸合，但电动机不转且发出"嗡嗡"响声，或电动机能启动但转速很慢，这种情况故障来自主电路，大多因电源电压过低、缺相，或电动机一相断路等。

按启动按钮（SB_1 或 SB_2），接触器频繁通断发出连续的"劈啪"声或吸合不牢发出颤动声，此类故障来自控制电路。原因可能为：电源电压过低，吸合不牢，造成连续通断；自锁触头接触不良，时通时断；接触器线圈与自身的常闭触点串接在同一线路中。

若按着 SB_1（或 SB_2）电动机转动，抬手后电动机自动停止，说明没有并联自锁触点。正转（反转）时按下反转（正转）按钮出现短路跳闸，原因是互锁触点连接不可靠或没接。

（5）实验注意事项

① 注意电源电压是否为 380V。

② 接线时注意常开触点与常闭触点的区分。

③ 控制线路图中的虚线为复合按钮开关内部的连杆，不需要连接。

（6）预习与思考

① 认真学习正反转控制电路中互锁、自锁的作用及连接方法。

② 若两个接触器的线圈同时工作会有什么不良现象发生？在实际电路中采取哪些措施保证两接触器不能同时工作？

③ 热继电器和熔丝各起什么保护作用？能相互替代吗？

（7）实验报告要求

① 简述实验电路的工作原理。

② 分析正反转控制电路三种保护及实现方法。

③ 分析实际电路常见故障及解决方法。

第4章 电子学实验

4.1 实验十三：单管交流放大电路

（1）实验目的

① 学会放大器静态工作点的调试方法，定性了解静态工作点对放大器性能的影响。

② 掌握放大器电压放大倍数、输入电阻、输出电阻及最大不失真输出电压的测试方法。

③ 观察静态工作点对输出波形失真的影响，并判断非线性失真的类型及管子的工作状态。

（2）实验仪器

序号	名称	规格	数量	型号
1	可调直流稳压电源	0～18V 可调	1	SBL-30221095
2	信号发生器	—	1	RIGOL-DG822
3	双踪示波器	—	1	DS1102E
4	三极管	—	1	9013
5	万用表	—	1	MY65
6	9孔插件方板	300mm×298mm	1	
7	电阻	2kΩ×1 10kΩ×1 100kΩ×1	3	
8	电位器	2.2kΩ×1 1MΩ×1	2	
9	电容	10μF/15V	2	

元件箱如图 4-1 所示。

图 4-1　元件箱

（3）实验原理

图 4-2 为固定式偏置的共射极单管放大电路实验原理图。采用 R_{B1} 和 R_{W1} 串联组成的固定式偏置电路。当在放大器的输入端输入信号 U_i 后，在放大器的输出端便可得到一个与 U_i 相位相反、幅值被放大了的输出信号 U_o，从而实现了电压放大。

在图 4-2 电路中，静态工作点可用下式计算

$$I_B = \frac{U_{CC} - U_B}{R_B}$$

图 4-2 共射极单管放大电路实验原理图

$$I_C = \beta I_B$$

$$U_{CE} = U_{CC} - I_C \times R_C$$

电压放大倍数

$$A_u = -\beta \frac{R_C // R_L}{r_{be}}$$

输入电阻 $\qquad r_i = R_B // r_{be} \approx r_{be}$

输出电阻 $\qquad r_o \approx R_C$

放大器的测量和调试一般包括：放大器静态工作点的测量与调试，消除干扰与自激振荡及放大器各项动态参数的测量与调试等。

1）放大器静态工作点的测量与调试

① 静态工作点的测量。测量放大器的静态工作点，应在输入信号 $U_i = 0$ 的情况下进行，即将放大器输入端与地端短接，然后选用量程合适的直流毫安表和直流电压表，分别测量晶体管的集电极电流 I_C，及各电极对地的电位 V_B、V_C。实验中为了避免断开集电极，通常采用测量电压，然后算出 I_C 的方法。例如，只要测出 V_C，可根据 $I_C = \dfrac{U_{CC} - V_C}{R_C}$ 确定 I_C，同时 $U_{BE} = V_B$，$U_{CE} = V_C$。为了减小误差，提高测量精度应选用内阻较大的直流电压表。

② 静态工作点的调试。静态工作点是否合适，对放大器的性能和输出波形都有很大影响。如工作点偏高，放大器在加入交流信号以后易产生饱和失真，此时 u_o 的负半周将被削底，如图 4-3（a）所示；如工作点偏低则易产生截止失真，即 u_o 的正半周被缩顶（一般截止失真不如饱和失真明显），如图 4-3（b）所示。这些情况都不符合不失真放大的要求。所以在选定工作点以后还必须进行动态调试，即在放大器的输入端加入一定的 u_i，检查输出信号 u_o 的大小和波形是否满足要求。如不满足，则应调节静态工作点的位置。

电源电压 U_{CC} 和电路参数 R_C、R_B 都会引起静态工作点的变化，如图 4-4 所示。但通常采用调节偏置电阻 R_B 的方法来改变静态工作点，如减小 R_B，则可使静态工作点提高等。

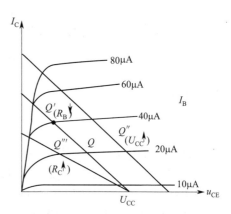

图 4-3　静态工作点对 u_o 波形失真的影响　　　　图 4-4　电路参数对静态工作点的影响

最后还要说明的是，上面所说的工作点"偏高"或"偏低"不是绝对的，应该是相对信号的幅度而言。如信号幅度很小，即使工作点较高或较低也不一定会出现失真。所以确切地说，产生波形失真是信号幅度与静态工作点设置配合不当所致。如需满足较大信号幅度的要求，静态工作点最好尽量靠近交流负载线的中点。

2）放大器动态指标测试　放大器动态指标包括电压放大倍数、输入电阻、输出电阻、最大不失真输出电压（动态范围）和通频带等。

① 电压放大倍数 A_u 的测量。调整放大器到合适的静态工作点，然后加入输入信号 u_i，在输出信号 u_o 不失真的情况下，用交流毫伏表测出 U_i 和 U_o，则

$$A_u = \frac{U_o}{U_i}$$

② 输入电阻 r_i 的测量。为了测量放大器的输入电阻，按图 4-5 所示电路，在被测放大器的输入端与信号源之间串入一已知电阻 R。在放大器正常工作情况下，用交流毫伏表测出 U_S 和 U_i，则根据输入电阻的定义可得

$$r_i = \frac{U_i}{I_i} = \frac{U_i}{\dfrac{U_R}{R}} = \frac{U_i}{U_S - U_i} R$$

图 4-5　输入、输出电阻测量电路

测量时应注意：

a. 由于电阻 R 两端没有电路公共接地点，所以测量 R 两端电压 U_R 时必须分别测出 U_S 和 U_i，然后按 $U_R = U_S - U_i$ 求出 U_R 值。

b. 电阻 R 的值不宜取得过大或过小，以免产生较大的测量误差，通常取 R 与 r_i 为同一数量级为好，本实验可取 $R = 1 \sim 2\text{k}\Omega$。

③ 输出电阻 r_o 的测量。按图 4-5 所示电路，在放大器正常工作条件下，测出输出端不接负载 R_L 的输出电压 U_o 和接入负载后的输出电压 U_L，根据

$$U_L = \frac{R_L}{r_o + R_L} U_o$$

即可求出 r_o

$$r_o = (\frac{U_o}{U_L} - 1)R_L$$

在测试中应注意，必须保持 R_L 接入前后输入信号的大小不变。

④ 最大不失真输出电压 U_{oPP} 的测量（最大动态范围）。如上所述，为了得到最大动态范围，应将静态工作点调在交流负载线的中点。为此在放大器正常工作情况下，逐步增大输入信号的幅度，并同时调节 R_W（改变静态工作点），用示波器观察 u_o，当输出波形同时出现削底和缩顶现象（图 4-6）时，说明静态工作点已调在交流负载线的中点。然后调整输入信号，使波形输出幅度最大且无明显失真时，用交流毫伏表测出 U_o（有效值），则动态范围等于 $\sqrt{2}U_o$，或用示波器直接读出 U_{oPP} 来。

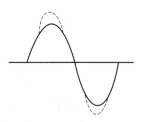

图 4-6 静态工作点正常，输入信号太大引起的失真

⑤ 放大器频率特性的测量。放大器的频率特性是指放大器的电压放大倍数 $|A_u|$ 与输入信号频率 f 之间的关系曲线。单管阻容耦合放大电路的幅频特性曲线如图 4-7 所示，$|A_{um}|$ 为中频电压放大倍数，通常规定电压放大倍数随频率变化降到中频放大倍数的 $1/\sqrt{2}$ 倍，即 $0.707A_{um}$ 所对应的频率分别称为下限频率 f_L 和上限频率 f_H，则通频带

$$BW = f_H - f_L$$

放大器的幅频特性就是测量不同频率信号时的电压放大倍数 $|A_u|$。为此可采用前述测量 A_u 的方法，每改变一个信号频率，测量其相应的电压放大倍数。测量时应注意取点要恰当，在低频段与高频段应多测几点，在中频段可以少测几点。此外，在改变频率时，要保持输入信号的幅度不变，且输出波形不得失真。

图 4-7 幅频特性曲线图

图 4-8 常用三极管的引脚排列

（4）实验内容

实验电路如图 4-2 所示，其中 $R_B = 100k\Omega$，$R_C = 2k\Omega$，$R_{W1} = 1M\Omega$，$R_{W2} = 2.2k\Omega$，$C_1 = C_2 = 10\mu F$、15V，VT 为 9013（$\beta = 160 \sim 200$），如图 4-8 所示。

各电子仪器可按图 4-9 所示方式连接，为防止干扰，各仪器的公共端必须连在一起，同时信号源、交流毫伏表和示波器的引线应采用专用电缆线或屏蔽线。如使用屏蔽线，则屏蔽

线的外包金属网应接在公共接地端上。

图 4-9　仪器连接方式

1）测量静态工作点　按图 4-1 在 9 孔插线板上连接电路，接通＋12V 电源，调节电位器 R_{W1}，同时用直流电压表观测晶体管集电极电位 V_C，使 V_C 在 5V 左右（以实测值为准），从而使静态工作点位于负载线的中点附近。用直流电压表测量 V_B、V_C 和基极电阻 R_B 值，记入表 4-1。

表 4-1　$V_C = 5V$

测量值			计算值		
V_B/V	V_C/V	$R_B + R_{W1}$	U_{BE}/V	U_{CE}/V	I_C/mA

2）测量电压放大倍数　在放大器输入端加入频率为 1kHz 的正弦信号，调节函数信号发生器的输出旋钮，使 $U_i = 50mV$，同时用示波器观察放大器输出电压 u_o 的波形，在波形不失真的条件下测量下情况的 U_o 值，并用双踪示波器观察 u_o 和 u_i 的相位关系，记入表 4-2。

表 4-2　$U_i = 50mV$

$R_C/k\Omega$	$R_L/k\Omega$	U_o/V	A_u	观察记录一组 u_o 和 u_i 波形
2	∞			
2	10			
2	2.2			

3）观察静态工作点对电压放大倍数的影响　置 $R_C = 2k\Omega$，$R_L = \infty$，$U_i = 50mV$，调节 R_{W1}，用示波器监视输出电压波形，在 u_o 不失真的条件下，测量 I_C 和 U_o 值，记入表 4-3（为使输出不失真，I_C 在 2.0mA 左右取值）。

表 4-3　$R_C = 2k\Omega$，$R_L = \infty$，$U_i = 50mV$

I_C/mA					
U_o/mV					
A_u					

4）观察静态工作点对输出波形失真的影响　置 $R_C = 2k\Omega$，$R_L = 2.2k\Omega$，$U_i = 0$，调节 R_{W1} 使 U_{CE} 的值为 5V。再逐渐加大输入信号，使输出电压 u_o 足够大但不失真。然后保持输入信号不变，分别增大和减小 R_{W1}，使波形出现失真，绘出 u_o 的波形，并测出失真情况下的 I_C 和 U_{CE} 值，记入表 4-4 中。每次测 I_C 和 U_{CE} 值时都要将信号源的输出旋钮旋至零。

表 4-4　$R_C=2k\Omega$，$R_L=2.2k\Omega$

I_C/mA	U_{CE}/V	u_o 波形	失真情况	管子工作状态

5）测量最大不失真输出电压　置 $R_C=2.0k\Omega$，$R_L=10k\Omega$，按照实验原理中所述方法，同时调节输入信号的幅度和电位器 R_{W1}，用示波器和交流毫伏表测量 U_{oPP} 及 U_o 值，记入表 4-5。

表 4-5　$R_C=2.0k\Omega$，$R_L=10k\Omega$

I_C/mA	U_i/mV	U_{cm}/V	U_{oPP}/V

6）测量输入电阻和输出电阻　置 $R_S=1.0k\Omega$，$R_C=2.0k\Omega$，$R_L=10k\Omega$，$U_{CE}=5V$。输入 $f=1kHz$ 的正弦信号，在输出信号不失真的情况下，用交流毫伏表测出 U_S、U_i 和 U_L，记入表 4-6。保持 U_S 不变，断开 R_L，测量开路时的输出电压 U_o，记入表 4-6。

表 4-6　$U_{CE}=5V$，$R_C=2.0k\Omega$，$R_L=10k\Omega$，$R_S=1.0k\Omega$

U_S/mV	U_i/mV	r_i/kΩ		U_L/V	U_o/V	r_o/kΩ	
		测量值	计算值			测量值	计算值

7）测量幅频特性曲线　取 $U_{CE}=5V$，$R_C=2.0k\Omega$，$R_L=100k\Omega$。保持输入信号 u_i 的幅度不变，改变信号源频率 f，逐点测出相应的输出电压 U_o，记入表 4-7。

表 4-7　$U_i=50mV$，$R_C=2.0k\Omega$，$R_L=100k\Omega$，$U_{CE}=5V$

项目	f_L	f_o	f_H
f/kHz			
U_o/V			
$|A_u|=U_o/U_i$			

为了频率 f 取值合适，可先粗测一下，找出中频范围，然后再仔细读数。

说明：本实验内容较多，其中 5）、6）、7）可作为选做内容。

（5）实验注意事项

① 函数信号发生器的输出端不能短接。

② 注意仪器要"共地"连接。

（6）预习与思考

① 阅读教材中有关单管放大电路的内容并估算实验电路的性能指标。

假设：9013 的 $\beta=160$，$R_B=100k\Omega$，$R_C=2.0k\Omega$，$R_L=10k\Omega$。

估算放大器的静态工作点、电压放大倍数 A_u、输入电阻 r_i 和输出电阻 r_o。

② 能否用直流电压表直接测量晶体管的 U_{BE}？为什么实验中要采用先测 U_B、U_E 再间接算出 U_{BE} 的方法？

③ 当调节偏置电阻 R_{W1}，使放大器输出波形出现饱和或截止失真时，晶体管的管压降 U_{CE} 怎样变化？

④ 改变静态工作点对放大器的输入电阻 r_i 有影响吗？改变外接电阻 R_L 对输出电阻 r_o。

有影响吗？

（7）实验报告要求

① 列表整理测量结果，并把实测的静态工作点、电压放大倍数、输入电阻、输出电阻之值与理论计算值比较（取一组数据进行比较），分析产生误差原因。

② 总结 R_C、R_L 及静态工作点对放大器放大倍数、输入电阻、输出电阻的影响。

③ 讨论静态工作点变化对放大器输出波形的影响。

④ 分析讨论在调试过程中出现的问题。

4.2　实验十四：两级负反馈放大器

（1）实验目的

① 加深理解多级放大器的工作原理和测试方法。

② 加深理解放大电路中引入负反馈的方法和负反馈对放大器各项性能指标的影响。

（2）实验原理

实验原理概述：多级放大器由几级单级放大器组成，具有较高的放大倍数。放大器的级数根据放大倍数的需要选择。在放大电路中加入负反馈，能够稳定放大器的静态工作点和放大倍数，改变输入、输出电阻，减小非线性失真和展宽通频带，因此，负反馈在电子电路中有着非常广泛的应用，几乎所有的实用放大器都采用负反馈电路。以下简介反馈电路的分析方法：

1）反馈信号　根据反馈信号的不同，分为直流反馈和交流反馈。

① 作用：直流反馈影响放大器的静态工作点，直流负反馈用于稳定放大器的静态工作点，交流反馈用于改变放大器的交流性能。

② 判断方法：只在直流通路中存在的反馈是直流反馈，只在交流通路中存在的反馈是交流反馈。有些电路的反馈连接方式同时引入交流反馈和直流反馈。

2）反馈极性　引入反馈后，如果使电路的放大倍数增加，则是正反馈；否则是负反馈。

① 作用：负反馈使放大器的放大倍数减小，电路的稳定性提高，失真和噪声减小；正反馈的作用与之相反。

② 判断方法：使用瞬时极性法。反馈信号引入后，输出信号的极性参看图 4-10。

3）反馈信号引入方式：串联、并联。反馈信号的引入方式是指在反馈放大器的输入端输入信号与反馈信号叠加的方式。

作用：影响输入电阻。并联负反馈使输入电阻减小，串联负反馈使输入电阻增加。

判断方法：当输入信号与反馈信号的非地端有一点直接相连时，为并联反馈；否则为串联反馈。

4）反馈信号取样方式：电压、电流。反馈信号的取样方式是指反馈信号取自反馈放大器的是输出电压还是输出电流。

作用：影响反馈放大器输出电阻。电压负反馈使输出电阻减小，电流负反馈使输出电阻增大。

判断方法：如果反馈信号取自放大器的电压输出（U_o）端，是电压反馈；否则是电流反馈。

图 4-10　反馈极性判断

5）负反馈电路基本公式

① 闭环放大倍数

$$A_\mathrm{f}=\frac{U_\mathrm{o}}{U_\mathrm{i}}=\frac{A}{1+AF}$$

② 输入电阻

串联负反馈

$$r_\mathrm{if}=\frac{U_\mathrm{i}}{I_\mathrm{i}}=r_\mathrm{i}(1+AF)$$

并联负反馈

$$r_\mathrm{if}=\frac{U_\mathrm{i}}{I_\mathrm{i}}=\frac{r_\mathrm{i}}{1+AF}$$

③ 输出电阻

电压负反馈

$$r_\mathrm{of}=\frac{r_\mathrm{o}}{1+AF}$$

电流负反馈

$$r_\mathrm{of}=r_\mathrm{o}(1+AF)$$

④ 深度负反馈电路的放大倍数计算

电压串联负反馈

$$A_\mathrm{uf}=\frac{U_\mathrm{o}}{U_\mathrm{i}}\approx1+\frac{R_2}{R_1}$$

电压并联负反馈

$$A_\mathrm{usf}=\frac{U_\mathrm{o}}{U_\mathrm{i}}\approx-\frac{R_\mathrm{f}}{R_\mathrm{S}}$$

电流串联负反馈

$$A_\mathrm{uf}=\frac{U_\mathrm{o}}{U_\mathrm{i}}\approx\frac{R_\mathrm{L}}{R_\mathrm{f}}$$

电流并联负反馈

$$A_\mathrm{usf}=\frac{U_\mathrm{o}}{U_\mathrm{i}}\approx-\left(1+\frac{R_1}{R_2}\right)\frac{R_\mathrm{L}}{R_\mathrm{S}}$$

（3）实验步骤

图 4-11 和图 4-12 分别为带有负反馈的两级阻容耦合放大器电路图及实物图，在电路中通过 R_f 把输出电压 u_o 引回到输入端，加在晶体管 $\mathrm{VT_1}$ 的发射极上，在发射极电阻 R_F1 上形成反馈电压 u_f。根据反馈的判断法可知，它属于电压串联负反馈。

1）主要性能指标

① 闭环电压放大倍数

$$A_\mathrm{f}=\frac{A}{1+AF}$$

式中，$A=U_\mathrm{o}/U_\mathrm{i}$ 为基本放大器（无反馈）的电压放大倍数，即开环电压放大倍数；$1+AF$ 为反馈深度，它的大小决定了负反馈对放大器性能改善的程度。

② 反馈系数

$$F=\frac{R_\mathrm{F1}}{R_\mathrm{f}+R_\mathrm{F1}}$$

图 4-11　带有电压串联负反馈的两级阻容耦合放大器

图 4-12　带有电压串联负反馈的两级阻容耦合放大器实物图

③ 输入电阻

$$r_{if} = (1 + A_V F_V) r_i$$

式中，r_i 为基本放大器的输入电阻。

④ 输出电阻

$$r_{of} = \frac{r_o}{1 + A_o F}$$

式中，r_o 为基本放大器的输出电阻；A_o 为基本放大器 $R_L = \infty$ 时的电压放大倍数。

2) 测量基本放大器的动态参数　要去掉反馈作用，但又要把反馈网络的影响（负载效应）考虑到基本放大器中去。

① 在画基本放大器的输入回路时，因为是电压负反馈，所以可将负反馈放大器的输出端交流短路，即令 $u_o = 0$，此时 R_f 相当于并联在 R_{F1} 上。

② 在画基本放大器的输出回路时，由于输入端是串联负反馈，因此需将反馈放大器的输入端（VT$_1$ 管的射极）开路，此时 $R_f + R_{F1}$ 相当于并接在输出端。可近似认为 R_f 并接在

输出端。

根据上述规律，就可得到所要求的如图 4-13 所示的基本放大器。

图 4-13　基本放大器

（4）实验设备与器件

① +12V 直流电源；

② 函数信号发生器；

③ 双踪示波器；

④ 频率计；

⑤ 交流毫伏表；

⑥ 直流电压表；

⑦ 晶体三极管 3DG6×2（$\beta = 50 \sim 100$）；

⑧ 电阻器、电容器若干。

（5）实验内容

1）测量静态工作点　按图 4-12 连接实验电路，取 $U_{CC} = +12V$，$U_i = 0$，用直流电压表分别测量第一级、第二级的静态工作点，记入表 4-8。

表 4-8　测量静态工作点

	U_B/V	U_E/V	U_C/V	I_C/mA
第一级				
第二级				

2）测试基本放大器的各项性能指标　将实验电路按图 4-13 改接，即把 R_f 断开后分别并在 R_{F1} 和 R_L 上，其他连线不动。

① 测量中频电压放大倍数 A_u、输入电阻 r_i 和输出电阻 r_o。

a. 以 $f = 1kHz$，U_S 约 5mV 正弦信号输入放大器，用示波器监视输出波形 u_o，在 u_o 不失真的情况下，用交流毫伏表测量 U_S、U_i、U_L，记入表 4-9。

表 4-9　基本放大器的各项性能指标

基本放大器	U_S/mv	U_i/mv	U_L/V	U_o/V	A_u	$r_i/k\Omega$	$r_o/k\Omega$
负反馈放大器	U_S/mv	U_i/mv	U_L/V	U_o/V	A_{uf}	$r_{if}/k\Omega$	$r_{of}/k\Omega$

b. 保持 U_S 不变，断开负载电阻 R_L（注意，R_f 不要断开），测量空载时的输出电压

U_o，记入表 4-9。

② 测量通频带。接上 R_L，保持①中的 U_S 不变，然后增加和减小输入信号的频率，找出上、下限频率 f_H 和 f_L，记入表 4-10。

3）测试负反馈放大器的各项性能指标　将实验电路恢复为负反馈放大电路。适当加大 U_S（约 10mV），在输出波形不失真的条件下，测量负反馈放大器的 A_{uf}、r_{if} 和 r_{of}，记入表 4-9；测量 f_{Hf} 和 f_{Lf}，记入表 4-10。

表 4-10　通频带测量

基本放大器	f_L/kHz	f_H/kHz	Δf/kHz
负反馈放大器	f_{Lf}/kHz	f_{Hf}/kHz	Δf_i/kHz

4）观察负反馈对非线性失真的改善

① 实验电路改接成基本放大器形式，在输入端加入 $f=1$kHz 的正弦信号，输出端接示波器，逐渐增大输入信号的幅度，使输出波形开始出现失真，记下此时的波形和输出电压的幅度。

② 再将实验电路改接成负反馈放大器形式，增大输入信号幅度，使输出电压幅度的大小与①相同，比较有负反馈时，输出波形的变化。

（6）实验报告

① 根据实验测试结果（U_o、U_{o1}），验证多级放大器放大倍数公式

$$A_u = A_{u1} A_{u2}$$

② 将基本放大器和负反馈放大器交流参数的实测值和理论估算值列表进行比较。

提示：比较 A_u、A_{uf} 即可。

③ 根据实验结果，总结交流电压串联负反馈对放大器性能的影响。

提示：比较开环和闭环状态输入电阻、输出电阻、电压放大倍数、电压放大倍数的稳定性与反馈深度 $|1+AF|$ 的关系。

（7）预习要求

① 复习教材中有关负反馈放大器的内容。

② 按实验电路图 4-11 估算放大器的静态工作点（$\beta \approx 100$，$r_{BE} \approx 300\Omega$，$U_{BE} \approx 0.7$V）。

③ 三极管参数同上，计算两级放大电路开环参数 A_u、r_i、r_o；按深度负反馈估算负反馈放大电路的闭环电压放大倍数 A_{uf}。

④ 如果输入信号存在失真，能否用负反馈改善？

⑤ 怎样判断放大器是否存在自激振荡？如何消除自激振荡？

4.3　实验十五：串联型晶体管稳压电源

（1）实验目的

① 研究单相桥式整流、电容滤波电路的特性。

② 掌握串联型晶体管稳压电源主要技术指标的测试方法。

（2）实验原理

电子设备一般需要直流电源供电。这些直流电源除了少数直接利用干电池和直流发电机

外，大多数是采用把交流电转变为直流电的直流稳压电源。

直流稳压电源由电源变压器、整流电路、滤波电路和稳压电路四部分组成，其原理框图如图 4-14 所示。电网供给的交流电压 u_1（220V，50Hz）经电源变压器降压后，得到符合电路要求的交流电压 u_2，然后由整流电路变换成方向不变、大小随时间变化的脉动电压 u_3，再用滤波器滤去其交流分量，就可得到比较平直的直流电压 u_i。但这样的直流输出电压，还会随交流电网电压的波动或负载的变动而变化。在对直流供电要求较高的场合，还需要使用稳压电路，以保证输出直流电压更加稳定。

图 4-14　直流稳压电源框图

图 4-15 是由分立元件组成的串联型稳压电源的电路图。其整流、滤波部分为单相桥式整流电路、电容滤波电路。稳压部分为串联型稳压电路，它由调整元件（晶体管 VT_1），比较放大器 VT_2、R_7，取样电路 R_1、R_2、R_W，基准电压电路 VW、R_3 和过流保护电路 VT_3 及电阻 R_4、R_5、R_6 等组成。整个稳压电路是一个具有电压串联负反馈的闭环系统，其稳压过程为：当电网电压波动或负载变动引起输出直流电压发生变化时，取样电路取出输出电压的一部分送入比较放大器，并与基准电压进行比较，产生的误差信号经 VT_2 放大后送至调整管 VT_1 的基极，使调整管改变其管压降，以补偿输出电压的变化，从而达到稳定输出电压的目的。

图 4-15　串联型稳压电源实验电路

由于在稳压电路中，调整管与负载串联，因此流过它的电流与负载电流一样大。当输出电流过大或发生短路时，调整管会因电流过大或电压过高而损坏，所以需要对调整管加以保护。在图 4-15 电路中，VT_3、R_4、R_5、R_6 组成减流型保护电路。此电路设计在 $I_{oP} = 1.2I_o$ 时开始起保护作用，此时输出电流减小，输出电压降低。故障排除后电路应能自动恢复正常工作。在调试时，若保护提前作用，应减少 R_6 值；若保护作用滞后，则应增大 R_6 值。

稳压电源的主要性能指标如下。

① 输出电压 U_o 和输出电压调节范围

$$U_o = \frac{R_1 + R_W + R_2}{R_2 + R''_W}(U_{DW} + U_{BE2})$$

调节 R_W 可以改变输出电压 U_o。

② 最大负载电流 I_{om}。

③ 输出电阻 r_o。输出电阻 r_o 定义为：当输入电压 U_i（指稳压电路输入电压）保持不变，由于负载变化而引起的输出电压变化量与输出电流变化量之比，即

$$r_o = \frac{\Delta U_o}{\Delta I_o}\Big|_{U_i}=常数$$

④ 稳压系数 S（电压调整率）。稳压系数定义为：当负载保持不变，输出电压相对变化量与输入电压相对变化量之比，即

$$S = \frac{\Delta U_o / U_o}{\Delta U_i / U_i}\bigg|_{R_L}=常数$$

由于工程上常把电网电压波动±10%作为极限条件，因此也有将此时输出电压的相对变化 $\Delta U_o / U_o$ 作为衡量指标，称为电压调整率。

⑤ 纹波电压。输出纹波电压是指在额定负载条件下，输出电压中所含交流分量的有效值（或峰值）。

（3）实验设备与器件

① 可调工频电源；

② 双踪示波器；

③ 交流毫伏表；

④ 直流电压表；

⑤ 直流毫安表；

⑥ 滑线变阻器 200Ω/1A；

⑦ 晶体三极管 3DG6×2（9011×2），3DG12×1（9013×1），晶体二极管 1N4007×4，稳压管 1N4735×1，电阻器、电容器若干。

（4）实验内容

1）整流滤波电路测试　按图 4-16 连接实验电路。取可调工频电源电压为 16V，作为整流电路输入电压 u_2。

图 4-16　整流滤波电路

① 取 $R_L = 240\Omega$，不加滤波电容，测量直流输出电压 U_L 及纹波电压 $\widetilde{U}_L$，并用示波器观察 u_2 和 u_L 波形，记入表 4-11。

② 取 $R_L=240\Omega$，$C=470\mu F$，重复内容①的要求，记入表 4-11。

③ 取 $R_L=120\Omega$，$C=470\mu F$，重复内容①的要求，记入表 4-11。

表 4-11 $U_2=16V$

电路形式		U_L/V	$\tilde{U}_L/V$	u_L 波形
$R_L=240\Omega$				
$R_L=240\Omega$ $C=470\mu F$				
$R_L=120\Omega$ $C=470\mu F$				

注意：

a. 每次改接电路时，必须切断工频电源。

b. 在观察输出电压 u_L 波形的过程中，"Y 轴灵敏度"旋钮位置调好以后，不要再变动，否则将无法比较各波形的脉动情况。

2）串联型稳压电源性能测试 切断工频电源，在图 4-16 基础上按图 4-15 连接实验电路。

① 初调。稳压器输出端负载开路，断开保护电路，接通工频电源，测量整流电路输入电压 U_2（约 16V）、滤波电路输出电压 U_i（稳压器输入电压）及输出电压 U_o。调节电位器 R_W，观察 U_o 的大小和变化情况，如果 U_o 能跟随 R_W 线性变化，说明稳压电路各反馈环路工作基本正常。否则，说明稳压电路有故障，因为稳压器是一个深负反馈的闭环系统，只要环路中任一个环节出现故障（某管截止或饱和），稳压器就会失去自动调节作用。此时可分别检查基准电压 U_{DW}、输入电压 U_i、输出电压 U_o，以及比较放大器和调整管各电极的电位（主要是 U_{BE} 和 U_{CE}），分析它们的工作状态是否都处在线性区，从而找出不能正常工作的原因。排除故障以后就可以进行下一步测试。

② 测量输出电压可调范围。接入负载 R_L（滑线变阻器），并调节 R_L，使输出电流 $I_o\approx$ 100mA。再调节电位器 R_W，测量输出电压可调范围 $U_{omin}\sim U_{omax}$ 并记录 U_{omin}、U_{omax}，且使 R_W 动点在中间位置附近时 $U_o=12V$。若不满足要求，可适当调整 R_1、R_2 值。

③ 测量各级静态工作点。调节输出电压 $U_o=12V$，输出电流 $I_o=100mA$，测量各级静态工作点，记入表 4-12。

表 4-12 $U_2=16V$，$U_o=12V$，$I_o=100mA$

三极管	VT_1	VT_2	VT_3
U_B/V			
U_C/V			
U_E/V			

④ 测量稳压系数 S。取 $I_o=100mA$，按表 4-13 改变整流电路输入电压 U_2（模拟电网

电压波动），分别测出相应的稳压器输入电压 U_i 及输出直流电压 U_o，记入表 4-13。

⑤ 测量输出电阻 R_o。取 $U_2 = 16V$，改变滑线变阻器位置，使 I_o 为空载、50mA 和 100mA，测量相应的 U_o 值，记入表 4-14。

<table>
<tr><td colspan="4" align="center">表 4-13　$I_o = 100mA$</td></tr>
<tr><td colspan="3" align="center">测　试　值</td><td align="center">计算值</td></tr>
<tr><td align="center">U_2/V</td><td align="center">U_i/V</td><td align="center">U_o/V</td><td align="center">S</td></tr>
<tr><td align="center">14</td><td></td><td></td><td rowspan="1" align="center">$S_{12} =$</td></tr>
<tr><td align="center">16</td><td></td><td align="center">12</td><td></td></tr>
<tr><td align="center">18</td><td></td><td></td><td align="center">$S_{23} =$</td></tr>
</table>

<table>
<tr><td colspan="3" align="center">表 4-14　$U_2 = 16V$</td></tr>
<tr><td colspan="2" align="center">测　试　值</td><td align="center">计算值</td></tr>
<tr><td align="center">I_o/mA</td><td align="center">U_o/V</td><td align="center">r_o/Ω</td></tr>
<tr><td align="center">空载</td><td></td><td rowspan="1" align="center">$r_{o12} =$</td></tr>
<tr><td align="center">50</td><td align="center">12</td><td></td></tr>
<tr><td align="center">100</td><td></td><td align="center">$r_{o23} =$</td></tr>
</table>

⑥ 测量输出纹波电压。取 $U_2 = 16V$，$U_o = 12V$，$I_o = 100mA$，测量输出纹波电压 $\tilde{U}_o$ 并记录。

⑦ 调整过流保护电路：

a. 断开工频电源，接上保护回路，再接通工频电源，调节 R_W 及 R_L 使 $U_o = 12V$，$I_o = 100mA$，此时保护电路应不起作用。测出 VT_3 管各极电位值。

b. 逐渐减小 R_L，使 I_o 增加到 120mA，观察 U_o 是否下降，并测出保护起作用时 VT_3 管各极的电位值。若保护作用过早或滞后，可改变 R_6 值进行调整。

c. 用导线瞬时短接一下输出端，测量 U_o 值，然后去掉导线，检查电路是否能自动恢复正常工作。

（5）实验总结及报告要求

① 对表 4-11 所测结果进行全面分析，总结桥式整流、电容滤波电路的特点。

② 根据表 4-13 和表 4-14 所测数据，计算稳压电路的稳压系数 S 和输出电阻 r_o，并进行分析。

③ 分析讨论实验中出现的故障及其排除方法。

（6）预习要求

① 复习教材中有关分立元件稳压电源部分内容，并根据实验电路参数估算 U_o 的可调范围及 $U_o = 12V$ 时 VT_1、VT_2 管的静态工作点（假设调整管的饱和压降 $U_{CES} \approx 1V$）。

② 说明图 4-15 中 U_2、U_i、U_o 及 $\tilde{U}_o$ 的物理意义，并从实验仪器中选择合适的测量仪表。

③ 在桥式整流电路实验中，能否用双踪示波器同时观察 u_2 和 u_L 波形，为什么？

④ 在桥式整流电路中，如果某个二极管发生开路、短路或反接三种情况，将会出现什么问题？

⑤ 为了使稳压电源的输出电压 $U_o = 12V$，则其输入电压的最小值 U_{imin} 应等于多少？交流输入电压 U_{2min} 又怎样确定？

⑥ 当稳压电源输出不正常，或输出电压 U_o 不随取样电位器 R_W 而变化时，应如何进行检查找出故障所在？

⑦ 分析保护电路的工作原理。

⑧ 怎样提高稳压电源的性能指标（减小 S 和 R_o）？

4.4 实验十六：集成运算放大器的线性应用

（1）实验目的

① 熟悉集成运算放大器 CF741 的性能和使用方法。

② 掌握用集成运算放大器组成的几种基本运算电路的原理和特点。

双列直插式集成运算放大器 CF741 简介：CF741 的性能和国外的 μA741、LM741 相当，可互换使用。其管脚排列如图 4-17 所示。

CF741 的共模输入电压范围宽，即使信号幅度超过共模输入电压范围，也不会引起阻塞或自激振荡。同时内部有频率补偿措施，因此不需要外接补偿电容。另外，CF741 的输出有过载保护，长时间输出短路亦不会损坏器件。使用中若要调零，可在两调零端间接一电位器，并把动端接电源 V_- 进行调节。

图 4-17　CF741 管脚排列

（2）实验原理

集成运算放大器是一种多级直接耦合放大电路，其特点是具有高电压放大倍数，高输入电阻和低输出电阻。一般情况下运算放大器被视为理想运放，将运放的各项指标理想化，即 $A_{ud} = \infty$，$r_i = \infty$，$r_o = 0$，$f_{BW} = \infty$，失调与漂移均为零。理想运放在线性应用时的两个重要特性：

① "虚短"，即 $u_+ \approx u_-$；

② "虚断"，即 $i_i = 0$。

基本运算电路：

① 反相比例运算。电路如图 4-18 所示，输出电压与输入电压的关系为

$$u_o = -\frac{R_F}{R_1} u_i, R_2 = R_1 // R_F$$

为了减小偏置电流引起的运算误差，在同相输入端接入平衡电阻 R_2。

② 反相加法运算电路。电路如图 4-19 所示，输出电压与输入电压的关系为

$$u_o = -\left(\frac{R_F}{R_1} u_{i1} + \frac{R_F}{R_2} u_{i2}\right), R_3 = R_1 // R_2 // R_F$$

图 4-18　反相比例运算电路

图 4-19　反相加法运算电路

③ 同相比例运算电路。电路如图 4-20(a) 所示，输出电压与输入电压的关系为

$$u_o = \left(1 + \frac{R_F}{R_1}\right) u_i, \quad R_2 = R_1 // R_F$$

　　若 R_1 趋于无穷大，则反相输入端与地断开，根据"虚短"，有 $u_+ \approx u_-$，此时 $u_o = u_i$，即为图 4-20(b) 所示的电压跟随器。其中 $R_2 = R_F = 10k\Omega$，起保护和减小漂移的作用。R_F 一般取 $10k\Omega$，太大影响跟随性，太小则不起保护作用。

(a) 同相比例运算电路　　　　　　　　　　　　　(b) 电压跟随器

图 4-20　同相比例运算电路和电压跟随器

　　④ 减法运算电路。电路如图 4-21 所示，当电路中电阻满足 $R_1 = R_2$，$R_3 = R_F$ 时，输出电压与输入电压之间的关系为

$$u_o = \frac{R_F}{R_1}(u_{i2} - u_{i1})$$

图 4-21　减法运算电路　　　　　　　　　图 4-22　积分运算电路

　　⑤ 积分运算电路。反相积分电路如图 4-22 所示，在理想情况下，输出电压与输入电压之间的关系为

$$u_o(t) = -\frac{1}{R_1 C}\int_0^t u_i(t)\mathrm{d}t + u_C(0)$$

　　（3）实验仪器和设备

　　① $\pm 12V$ 直流电源；

② 万用表；

③ 函数信号发生器；

④ 集成运算放大器；

⑤ 电阻器、电容器若干。

（4）实验内容及步骤

电源电压为±12V。

1）反相比例运算　电路如图 4-18 所示。按表 4-15 所示，从反相输入端输入频率 $f=$ 1kHz 的正弦电压，用示波器观察相应的输入输出电压波形，用万用表测量输入输出电压大小，并计算电压增益 A_u，记录输入输出电压波形。

表 4-15　反相比例运算实验记录

U_i/mV		100	300	500	u_i 波形	u_o 波形
U_o/mV	实测值					
	理论值					
A_u	实测值					
	理论值					

2）反相加法运算　电路如图 4-19 所示。按表 4-16 所示，输入直流电压 U_{i1}、U_{i2}，用万用表测量并记录输出电压。

表 4-16　反相加法运算实验记录

输入电压 U_i/V		输出电压 U_o/V	
U_{i1}	U_{i2}	实测值	理论值
−2	+1		
+1	−0.5		

3）电压跟随器　电路如图 4-20(b) 所示。电压跟随器就是输出电压与输入电压的大小接近相等、相位相同的电路。它具有极高的输入阻抗和极低的输出阻抗，在电路中常作输入级、缓冲级和输出级。按表 4-17 所示，从同相输入端输入直流电压 U_i，测记相应的输出电压 U_o，并计算电压增益 A_u。

表 4-17　电压跟随器实验记录

U_i/V	1	2	3	4	5
U_o/V					
A_u					

4）减法运算　电路如图 4-21 所示。

按表 4-18 所示，输入直流电压 U_{i1}、U_{i2}，测量并记录相应的输出电压。

表 4-18　减法运算实验记录

输入电压 U_i/V		输出电压 U_o/V	
U_{i1}	U_{i2}	实测值	理论值
0.5	1		
−0.3	0.5		

5）积分运算　电路如图 4-22 所示。

按表 4-19 所示，从反相输入端输入方波信号，用示波器观察、记录输入电压 U_i 和输出电压 U_o 的波形。

表 4-19　积分运算实验记录

u_i（方波）		u_i（波形）	u_o（波形）
双峰值/V	频率/kHz		
2	1		
5	10		

（5）预习要求

① 复习由集成运算放大器组成的各种运算电路的基本原理和特点。

② 按电路参数计算出各项实验中的理论值。

（6）实验报告要求

① 整理各项实验数据。

② 按电路参数计算出各项实验中的理论值，并与实验结果进行比较，分析产生误差的原因。

③ 写出最后一个电路的传递函数，并说明在什么条件下它们近似为理想的积分器。

4.5　实验十七：集成运算放大器的非线性应用

（1）实验目的

① 了解集成运放非线性应用的原理和特点。

② 用双列直插式集成运放 CF741 组成电压比较器和方波-三角波发生器。

（2）实验仪器和设备

① 直流电源；

② 双踪示波器；

③ 数字万用表；

④ 运算放大器；

⑤ 稳压管；

⑥ 二极管；

⑦ 电阻器；

⑧ 信号发生器。

（3）实验内容及步骤

1）电压比较器　电路如图 4-23 所示。电源电压 ±15V 和触发电平 U_i 由模拟实验箱上的直流电源供给。

① 测量上触发电平 U_1 和下触发电平 U_2：将触发电平 U_i 由负值向正值逐渐增加，同时用示波器或万用表观察输出电压 U_o，记录 U_o 由负值跳变到正值时刻的输入电压值，该电压值即为上触发电平 U_1；反之，将触发电平 U_i 由正值向负值逐渐变化，U_o 由正值跳变到负值时刻的输入电压值，即为下触发电平 U_2。将数据记入表 4-20 中。

图 4-23　电压比较器电路

表 4-20　电压比较器实验记录

U_1/V		U_2/V	
实测值	理论值	实测值	理论值

　　② 观察用电压比较器实现波形变换：在输入端加入 $f=1\mathrm{kHz}$、幅度适当的正弦电压（若幅度过小会有什么结果），观察并对应记录输入电压 U_i 和输出电压 U_o 的波形。

　　2）方波-三角波发生器　电路如图 4-24 所示。

　　① 观察并对应记录 U_{o1}、U_{o2} 的波形。

　　② 测试方波和三角波的周期和双峰值，填入表 4-21 中。

　　③ 改变 R_4 或 C_1 的值，观察波形的变化情况。

图 4-24　方波-三角波发生器

表 4-21　方波-三角波发生器实验记录

三角波 U_{o1}				方波 U_{o2}			
双峰值/V		周期/ms		双峰值/V		周期/ms	
实测值	理论值	实测值	理论值	实测值	理论值	实测值	理论值

（4）实验报告要求

　　① 根据电压比较器的实验数据画出其电压传输特性。

　　② 根据电压比较器的电路参数计算上、下限触发电平，并与实验结果进行比较，分析

产生误差的原因。

③ 试分析电压比较器的输出电压 U_o 与输入电压 U_i 之间的相位关系。

④ 根据电路参数计算三角波的幅值和周期，并与实验结果进行比较，分析产生误差的原因。

⑤ 如果将图 4-24 中的电阻 R_4 由 $3\mathrm{k}\Omega$ 变为 $1\mathrm{k}\Omega$，试分析对波形的影响。

（5）预习要求

① 复习电压比较器、方波-三角波发生器的原理和分析计算。

② 按电路参数计算出各项实验中的理论值。

4.6　实验十八：TTL 与非门的参数及电压传输特性的测试

（1）实验目的

① 学习数字电路实验箱的使用。

② 加深对 TTL 与非门传输特性和逻辑功能的认识。

③ 掌握与非门直流参数和电压传输特性的测试方法。

（2）实验仪器及设备

① 直流电源；

② 逻辑电平开关；

③ 逻辑电平显示器；

④ 万用表；

⑤ 直流毫安表；

⑥ 直流微安表；

⑦ 74LS20×2；

⑧ 电位器、电阻器等。

（3）实验内容及步骤

1）高电平输入电流 I_{iH}　　测试电路如图 4-25 所示，其正常指标为 $I_{iH} < 20\mu A$。

2）低电平输入电流 I_{iL}　　测试电路如图 4-26 所示，其正常指标为 $I_{iL} < 0.4\mathrm{mA}$。

图 4-25　I_{iH} 测试电器　　　　　　　　图 4-26　I_{iL} 测试电器

3）空载导通电源总电流 I_{CC} 和空载导通功耗 P_{ON} 测试电路如图 4-27 所示，其正常指标为 $I_{CC} < 2.2\mathrm{mA}$，$P_{ON} = I_{CC}V_{CC}$。

4）输出高电平 V_{oH}　　测试电路如图 4-28 所示，其正常指标为 $V_{oH} > 2.7\mathrm{V}$。

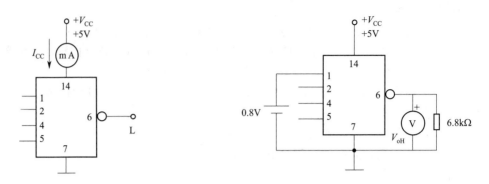

图 4-27 I_{CC}，P_{ON} 测试电路　　　　　　　　　图 4-28 V_{oH} 测试电路

5）输出低电平 V_{oL}　测试电路如图 4-29 所示，其正常指标为 $V_{oL} < 0.4V$。

6）开门电平 V_{ON}　测试电路如图 4-30 所示。调节输入电压 V_i，使其从 0→2V，当输出电压刚刚下降至 0.4V（或输出低电平时），记录此时的输入电压 V_i 值，即为开门电平 V_{ON}。其正常指标为 $V_{ON} < 2V$。

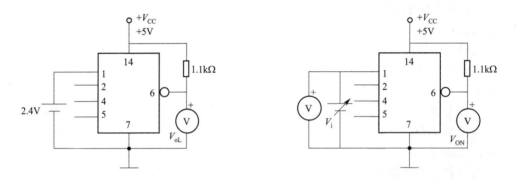

图 4-29 V_{oL} 测试电路　　　　　　　　　图 4-30 V_{ON} 测试电路

7）关门电平 V_{OFF}　测试电路如图 4-31 所示。调节输入电压 V_i，使其从 2V→0，当输出电压刚刚上升至 2.7V 左右时，记录此时的输入电压 V_i 值，即为关门电平 V_{OFF}。其正常指标为 $V_{OFF} > 0.8V$。

图 4-31 V_{OFF} 测试电路

8）**静态电压传输特性**　测试电路如图 4-31 所示。调节输入电压 V_i，按表 4-22 所列参考数值由小变大，测记其对应的输出电压 V_o。测试时应注意，要缓慢变动输入电压，在电压传输特性的拐点处，应多测几点。

表 4-22　静态电压传输特性测试记录

V_i/V	0	0.3	0.5	0.8	1.0	1.2	1.3	1.4
V_o/V								
V_i/V	1.5	1.6	1.7	1.8	2.0	2.4	2.8	3.2
V_o/V								

74LS20（二 4 输入与非门）管脚图见图 4-32。

（4）实验报告要求

① 列表整理测试数据，分析实验结果。

② 用坐标纸画出与非门的电压传输特性。

③ 说明与非门各参数的大小有何意义，对电路工作有什么影响。

④ 说明电压传输特性的三个阶段（输出高电平阶段、输出低电平阶段、输出从高电平到低电平的过渡阶段）各对应与非门输出管的哪三种工作状态。

（5）预习要求

① 复习 TTL 与非门各参数的定义、意义与测试方法。

② 复习 TTL 与非门电压传输特性的意义与测试方法。

图 4-32　74LS20 管脚图

4.7　实验十九：组合逻辑电路的设计

（1）实验目的

① 学习用与非门实现各种组合逻辑函数。

② 掌握 SSI、MSI 两种组合逻辑电路的设计与实现方法。

（2）实验仪器和设备

① 数字万用表；

② 数字电路实验箱；

③ 集成芯片四 2 输入与非门 74LS00 和双四选一数据选择器 74LS153 各一片。

（3）实验内容

1）表决逻辑　设有三人对一事表决，多数（二人以上）赞成即通过；否则不通过。

提示：本实验有三个变量 A、B、C——三人；一个逻辑函数——表决结果 L。

投票："1" 表示赞成；"0" 表示反对。

表决结果："1" 表示通过；"0" 表示不通过。

另：若三人中 A 有否决权，即 A 不赞成，就不能通过，应如何实现？

2）交通信号灯监测电路　设一组信号灯由红（R）、黄（Y）、绿（G）三盏灯组成，如图 4-33 所示。正常情况下，点亮的状态只能是红、绿或黄加绿当中的一种。当出现其他五种状态时，信号灯发生故障，要求监测电路发出故障报警信号。

提示：本题有三个变量 R、Y、G，分别表示红、黄、绿三盏信号灯。"1" 表示灯亮；"0" 表示灯灭。一个逻辑函数 L，表示故障报警信号，正常情况下 L 为 "0"，发生故障时 L

图 4-33 交通信号灯状态图

为"1"。

以上两例均要求采用 SSI 组合电路设计方法，应用 74LS00（四 2 输入与非门），以最少的与非门实现，并验证其逻辑功能。

四 2 输入与非门 74LS00 的管脚图见图 4-34。

3）故障报警 某实验室有红、黄两个故障指示灯，用来指示三台设备的工作情况。当只有一台设备有故障时，黄灯亮；有两台设备有故障时，红灯亮；只有当三台设备都发生故障时，才会使红、黄两个故障指示灯同时点亮。

提示：本题有三个变量 A、B、C，表示三台设备。"1"表示故障；"0"表示正常。

有两个逻辑函数 L_1、L_2，分别表示红灯和黄灯。"1"灯亮，表示报警；"0"灯不亮，表示不报警。

此例要求采用 MSI 组合电路设计方法，用双四选一数据选择器（74LS153）实现，并验证其逻辑功能。

双四选一数据选择器（74LS153）的管脚图如图 4-35 所示，逻辑功能表如表 4-23 所示。

图 4-34 四 2 输入与非门
74LS00 的管脚图

图 4-35 双四选一数据选择器（74LS153）的管脚图

表 4-23 74LS153 逻辑功能表

选择输入端		数据输入				选通输入	输出
B	A	D_0	D_1	D_2	D_3	$\overline{G}$	Y
×	×	×	×	×	×	1	Z（高阻态）
0	0	0	×	×	×	0	0
0	0	1	×	×	×	0	1
0	1	×	0	×	×	0	0
0	1	×	1	×	×	0	1

续表

选择输入端		数据输入				选通输入 $\overline{G}$	输出 Y
B	A	D_0	D_1	D_2	D_3		
1	0	×	×	0	×	0	0
1	0	×	×	1	×	0	1
1	1	×	×	×	0	0	0
1	1	×	×	×	1	0	1

（4）实验报告要求

① 归纳以 SSI 和 MSI 两种方法设计上述组合逻辑电路的全过程。

② 由实验结果验证设计的正误。

（5）预习要求

① 复习组合逻辑电路的设计方法。

② 了解双四选一数据选择器（74LS153）的管脚图和逻辑功能。

③ 按实验内容中的要求，列各题的真值表，求出逻辑函数的表达式，并画出相应的逻辑电路。

4.8　实验二十：触发器

（1）实验目的

① 学习用与非门组成基本 RS 触发器并测试其逻辑功能。

② 熟悉集成 JK 触发器和 D 触发器及用它们接成的 T' 触发器的逻辑功能和触发方式。

（2）实验仪器和设备

① 数字电路实验箱；

② 示波器；

③ 双 D 上升沿触发器 74LS74 和双 JK 下降沿触发器 74LS112 各一片。

（3）实验内容及步骤

1）用与非门组成基本 RS 触发器　所用与非门为四 2 输入与非门 74LS00。74LS00 管脚图见图 4-34。

① 按图 4-36 连接电路。

② 将置 0 端 R 和置 1 端 S 分别接数字电路实验箱的两个"逻辑开关"；输出端 Q、$\overline{Q}$ 分别接数字电路实验箱的两个"状态显示二极管"。

③ 按表 4-24，对应 R、S 的各种情况（R＝S＝0 除外），观察并记录输出端 Q 和 $\overline{Q}$ 的状态。

图 4-36　RS 触发器

表 4-24　RS 触发器功能表

R	S	Q	$\overline{Q}$

2）集成 D 触发器（双 D 上升沿触发器 74LS74）　双 D 上升沿触发器 74LS74 的管脚图如图 4-37 所示。

① 异步置位和复位功能测试。在芯片上任选一 D 触发器，将置 0 端 $\overline{R_d}$ 和置 1 端 $\overline{S_d}$ 分别接数字电路实验箱的两个"逻辑开关"；CP 和 D 端处于任意电平，输出端 Q、$\overline{Q}$ 分别接数字电路实验箱的两个状态显示二极管。按表 4-25，对应 $\overline{R_d}$、$\overline{S_d}$ 的各种情况（$\overline{R_d} = \overline{S_d} = 0$ 除外），观察并记录输出端 Q 和 $\overline{Q}$ 的状态。

图 4-37　74LS74 的管脚图

表 4-25　D 触发器功能表

$\overline{R_d}$	$\overline{S_d}$	Q	$\overline{Q}$

② 逻辑功能测试。CP 接单正脉冲，D 端接逻辑开关，$\overline{R_d}$、$\overline{S_d}$、Q 端位置同上。

对应触发器的不同初态，在 D 为 1 或 0 状态下，观察 CP 作用前后，触发器输出端 Q 的状态与 D 端输入信号之间的关系。

a. CP 为 0，先将触发器置 1（$\overline{S_d}$ 端接一下低电平），然后使 D 为 0，观察触发器是否翻转。

b. D 仍为 "0"，CP 加单正脉冲，按表 4-26，观察并记录输出端 Q 的状态。

c. CP 为 "0"，先将触发器置 "0"（$\overline{R_d}$ 端接一下低电平），然后使 D 为 "1"，重复上述过程。

表 4-26　逻辑功能测试表

D	0					1				
CP	0	$\overset{1}{\underset{0}{\uparrow}}$	$\overset{1}{\underset{0}{\downarrow}}$	$\overset{1}{\underset{0}{\uparrow}}$	$\overset{1}{\underset{0}{\downarrow}}$	0	$\overset{1}{\underset{0}{\uparrow}}$	$\overset{1}{\underset{0}{\downarrow}}$	$\overset{1}{\underset{0}{\uparrow}}$	$\overset{1}{\underset{0}{\downarrow}}$
Q^{n+1}										
Q 初始状态	$Q^n = 1$					$Q^n = 0$				

③ 接成 T' 触发器。

a. 将 D 触发器的 D 端和 $\overline{Q}$ 端相连，即转换为 T' 触发器，如图 4-38 所示。

b. CP 加单正脉冲，按表 4-27 所列条件，观察并记录输出端 Q 的翻转次数和 CP 端输入的单正脉冲个数之间的关系。

c. CP 端输入连续脉冲，用示波器观察并对应画出 CP 和 Q 及 $\overline{Q}$ 端的波形。

表 4-27　T′触发器功能表

脉冲数 N	0	1		2		3		4	
CP	0	1 ↑ 0	1 ↓ 0	1 ↑ 0	1 ↓ 0	1 ↑ 0	1 ↓ 0	1 ↑ 0	1 ↓ 0
Q									
$\overline{Q}$									

3）集成 JK 触发器　双 JK 下降沿触发器 74LS112 的管脚图如图 4-39 所示。

① 异步置位和复位功能测试。

a. 使 J、K、CP 为任意状态，令 $\overline{R_d}=0$，$\overline{S_d}=1$，观察 Q 端的状态。

b. 使 J、K、CP 为任意状态，令 $\overline{R_d}=1$，$\overline{S_d}=0$，观察 Q 端的状态。

将结果填入表 4-28 中。

图 4-38　T′触发器

图 4-39　74LS112 管脚图

表 4-28　JK 触发器功能表

CP	J	K	$\overline{R_d}$	$\overline{S_d}$	Q
X	X	X	0	1	
X	X	X	1	0	

② 逻辑功能测试。J、K 接逻辑开关，CP 接单正脉冲，其他同上。

a. 先将触发器置 0 或置 1（预置完成后 $\overline{R_d}$ 和 $\overline{S_d}$ 均为高电平），从 CP 端输入单正脉冲，在表 4-29 所列 J、K 情况下，观察并记录输出端 Q 的逻辑状态。

b. 将 JK 触发器接成计数态（令 J＝K＝1），从 CP 端输入连续脉冲，用示波器观察并对应画出 CP 和 Q 及 $\overline{Q}$ 端的波形。

表 4-29　逻辑功能测试表

CP	0	1 ↑ 0	1 ↓ 0	0	1 ↑ 0	1 ↓ 0	0	1 ↑ 0	1 ↓ 0	0	1 ↑ 0	1 ↓ 0
J	0	0	0	0	0	0	1	1	1	1	1	1

续表

K	0	0	0	1	1	1	0	0	0	1	1	1
Q	1											
	0											

（4）实验报告要求

① 整理各项实验结果。

② 总结各种触发器的逻辑功能和特点。

（5）预习要求

复习各种触发器的逻辑功能和特点。

第5章 设计性电路实验与仿真

5.1 设计性电路实验的目的与步骤

(1) 电路设计的目的

电路设计性实验是在基础性实验的基础上进行的综合性的实验训练，其重点是电路设计。设计性实验是实验的重要教学环节，它对提高学生的电路设计水平和实验技能，培养学生综合运用所学的知识解决实际问题的能力都是非常重要的。

1) 提高电路的设计能力 一般电路的设计工作主要包括：根据给定的功能和指标要求选择电路的总方案，设计各部分电路的结构，选择元器件的初始参数，使用仿真软件进行电路性能仿真和优化设计，安装、调试电路，进行电路性能指标的测试等。通过电路设计，可以进行设计思想、设计技能、调试能力与实验研究能力的训练，掌握使用仿真软件进行电路性能仿真和优化设计的方法，提高自学能力以及运用基础理论分析与解决实际工程问题的能力，培养严肃认真、理论联系实际的科学作风和创新精神。

2) 加强解决实际工程问题的能力 设计性实验一般是提出实验目的和要求，给定电路功能和技术指标，由同学自己拟定实验实施方案，以培养自己的能力。通过阅读参考资料，了解相关领域的新技术、新电路和新器件，开阔眼界与思路。通过查阅器件手册，进一步熟悉常用器件的特性和使用方法，按实际需要合理选用元器件。通过认真撰写总结实验报告，提高分析总结能力和表达能力。

(2) 设计性实验的进行步骤

设计性实验通常要经过电路设计、电路安装调试与指标测试等过程。一般要完成以下几步。

1) 电路设计 认真阅读实验教材，深入理解实验题目所提出的任务与要求，阅读有关的技术资料，学习相关的基本知识；进行电路方案设计和论证；选择和设计单元电路（包括电路结构与元件参数）；使用相关软件进行电路性能仿真和优化设计；画出所涉及的电路原理图；拟定实验步骤和测量方法，画出必要的数据记录表格等。

2) 安装调试与指标测试 根据电路设计，进行电路的连接、安装。安装完后，进一步调试，直至达到设计要求为止。

在调试过程中，就要进行指标测试。要认真观察和分析实验现象，测定实验数据，保证实验数据完整可靠。

3) 撰写总结报告 每完成一个设计性实验，都必须写出一份总结报告。撰写总结报告既是对整个实验过程的总结，又是一个提高的过程。其主要包括：

① 题目名称。

② 设计任务和要求。

③ 初始电路设计方案。包括原理图与工作原理、单元电路设计（电路、各元器件主要参数计算等）、仿真结果等。

④ 经实验调试修正后的总体电路图、工作原理，或源程序文件、流程图等。

⑤ 记录实验测试数据，画出实验波形，分析实验结果，并与理论计算或仿真结果进行比较，对实验误差进行必要的分析讨论。

⑥ 总结分析调试中出现的问题，说明解决问题的方法和措施。

⑦ 对思考题的解答及所想到的新问题、新设想。

⑧ 心得体会和建议。

⑨ 主要参考文献。

5.2 实验仿真与设计性电路实验

5.2.1 电路定理的仿真

（1）实验目的

① 进一步加深对基尔霍夫定律、叠加定理、戴维南定理的理解。

② 初步掌握用 Multisim 软件建立电路及分析电路的方法。

（2）原理说明

1）基尔霍夫定律　基尔霍夫定律是电路的基本定律，概括了电路中电流和电压应遵循的基本规律。

基尔霍夫电流定律（KCL）：任一时刻，电路中任一节点流进和流出的电流相等，即 $\sum I = 0$。

基尔霍夫电压定律（KVL）：任一时刻，电路中任一闭合回路，各段电压的代数和为零，即 $\sum U = 0$。

2）叠加定理　在线性电路中，任一支路的电流或电压等于电路中每一个独立电源单独作用时，在该支路产生的电流或电压的代数和。

3）戴维南定理　对外电路来讲，任何复杂的线性有源二端网络都可以用一个含有内阻的电压源等效。此电压源的电压等于二端网络的开路电压 U_{OC}，内阻等于二端网络各独立电源置零后的等效电阻 R_0。

实验中往往采用电压表测开路电压 U_{OC}，用电流表测端口短路电流 I_{SC}，则等效电阻 $R_0 = \dfrac{U_{OC}}{I_{SC}}$。

（3）实验设备

① 计算机 1 台。

② Multisim 2001 以上版本软件 1 套。

③ 打印机 1 台。

（4）实验内容

1）基尔霍夫定理的验证　实验电路如图 5-1 所示。

① 启动 Multisim 2001。

② 电路的建立。在 Multisim 平台上建立如图 5-2 所示电路。在 Multisim 菜单项中选择 Circuit 项，在其下拉菜单中选择 Schematic Options 项，选中其对话框中的 Show/Hide 项中的 Show nodes，然后按"确定"按钮就会显示出所有节点。在 Multisim 菜单项中选择 Analysis 项，在其下拉菜单中选择 DC Operating Point 项，屏幕中就会显示所有节点的电势，再计算出各元器件上的电压。

图 5-1　实验电路

图 5-2　仿真电路

③ 激活电路，图中的电流表就会显示出各支路电流的大小；如果在元器件两端并联上一个电压表，就可以测量出该元器件上的电压。将各元器件端电压及各支路电流填入表 5-1 中，验证 KCL、KVL。

表 5-1　实验数据

参数	I_1/mA	I_2/mA	I_3/mA	E_1/V	E_2/V	U_{FA}/V	U_{AB}/V	U_{AD}/V	U_{CD}/V	U_{DE}/V
测量值										
计算值										

2）叠加定理的验证　在 Multisim 平台上建立如图 5-2 所示电路。分别测量 E_1、E_2 单独作用时各元器件的电压和各支路的电流值，与 E_1、E_2 共同作用时的数值比较，验证叠加定理。

① E_1 单独作用时，E_2 的数值设置为 0V，E_2 单独作用时，E_1 的数值设置为 0V，两种情况下，测得各个元器件两端电压和各支路的电流值。

② 测量 E_1、E_2 共同作用时各个元器件两端的电压和各支路的电流值，与①中的数值比较。测量数据填入表 5-2。

表 5-2　实验数据

参数	I_1/mA	I_2/mA	I_3/mA	U_{FA}/V	U_{AB}/V	U_{AD}/V	U_{CD}/V	U_{DE}/V
E_1 单独作用								
E_2 单独作用								
E_1、E_2 共同作用								

3）戴维南定理的验证　被测有源二端网络如图 5-3 所示。

① 在 Multisim 平台上建立图 5-4 所示电路，合上 Space 开关可测定短路电流 I_{SC}，断开开关并去掉负载电阻可测定开路电压 U_{OC}，$R_0 = \dfrac{U_{OC}}{I_{SC}}$，将数据填入表 5-3。

表 5-3　实验数据

U_{OC}/V	I_{SC}/mA	R_0/Ω

② 断开开关，改变滑线变阻器接入电路部分的电阻值，每改变一次都记录下此时的电流值，记入表 5-4。

③ 调用直流电压源，使其电压数值为开路电压 U_{OC}；调用电阻，使其数值为等效电阻 R_0，构成戴维南等效电路，改变滑线变阻器接入电路部分的电阻值，每改变一次都记录下此时的电流值，将数据记入表 5-4，对戴维南定理进行验证。

图 5-3　有源二端网络

图 5-4　仿真实验电路

表 5-4　实验数据

R_L/Ω	0					
原网络电流						
等效电路电流						

（5）注意事项

① 建立电路时，电路公共参考端应与从信号源库中调出的接地图标相连。

② 测量过程中由于参考方向的选定，应注意实际测量值的正负号。

（6）实验报告

① 画出所建电路图。

② 对实验结果进行分析。

5.2.2　电路的暂态分析

（1）实验目的

① 学习虚拟示波器的使用方法。

② 掌握用 Multisim 中虚拟示波器测试电路暂态过程的方法。

③ 学会用方波测试一阶 RC 电路、二阶 RLC 串联电路的暂态响应与参数的方法。

（2）实验器材

① 计算机 1 台。

② Multisim 2001 以上版本软件 1 套。

③ 打印机 1 台。

（3）实验原理

当由动态软件（储能元件 L 或 C）组成的电路产生换路，如结构或元件的参数发生改变，或电路中的电源或无源元件的断开或接入、信号的突然输入等，可能使电路改变原来的工作状态，而转变到另一种工作状态。此时，电路存在一个过渡过程。

当电路中只含有一个动态元件或可以等效为一个动态元件时，根据电路的基本定律列出的方程是一阶微分方程。此时电路的各部分的响应符合指数规律。

图 5-5　RLC 串联电路

当电路中含有多个动态元件，根据电路的基本定律列出的方程是二阶微分方程时，电路的响应成为二阶响应，如 RLC 串联的电路。如图 5-5 所示。

它可以用下述二阶微分方程来描述

$$LC \frac{\mathrm{d}^2 u_C}{\mathrm{d}t^2} + RC \frac{\mathrm{d}u_C}{\mathrm{d}t} + u_C = U_S$$

其初始值为

$$u_C(0_+) = u_C(0_-) = U_0, \qquad \frac{\mathrm{d}u_C}{\mathrm{d}t}\Big|_{t=0} = \frac{i_L(0_+)}{C} = \frac{I_0}{C}$$

式中，u_C，i_L 为电容电压和电感电流；I_0 为电感电流的初始值；U_0 为电容电压的初始值。

求解微分方程，可以得到电容电压随时间变化的规律。改变初始电压和输入激励，可以得到三种不同的二阶响应。不管是哪个响应，其响应的模式完全由电路微分方程的两个特征根 $S_{1,2} = -\frac{R}{2L} \pm \sqrt{\left(\frac{R}{2L}\right)^2 - \frac{1}{LC}}$ 所决定。设衰减系数 $\alpha = \frac{R}{2L}$，谐振角频率 $\omega_0 = \frac{1}{\sqrt{LC}}$，则两个特征根可写为 $S_{1,2} = -\alpha \pm \sqrt{\alpha^2 - \omega_0^2}$。

当 $\alpha > \omega_0$ 时，$R > 2\sqrt{\dfrac{L}{C}}$，则 $S_{1,2}$ 有两个不同的实根为 $-\alpha \pm \sqrt{\alpha^2 - \omega_0^2}$，响应模式是非振荡的，称为过阻尼情况；当 $\alpha = \omega_0$ 时，$R = 2\sqrt{\dfrac{L}{C}}$，则 $S_{1,2}$ 有两个相等的负实根为 $-\alpha$，响应是临界振荡的，称为临界阻尼情况；当 $\alpha < \omega_0$ 时，$R < 2\sqrt{\dfrac{L}{C}}$，则 $S_{1,2}$ 有一对共轭复根为 $-\alpha \pm \mathrm{j}\sqrt{\alpha^2 - \omega_0^2}$，响应是振荡性的，称为欠阻尼情况；当 $R = 0$ 时，则 $S_{1,2}$ 为一对虚根 $\pm \mathrm{j}\omega_0$，响应模式是等幅振荡的，称为无阻尼情况。

（4）预习要求

① 复习相关电路暂态分析的原理和方法，并计算出各表达式。

② 定性画出方波激励下二阶电路电容上电压在过阻尼、临界阻尼、欠阻尼情况下的波形。

③ 阅读 Multisim 使用说明，了解示波器的使用方法。

（5）实验内容

1）研究 RC 电路的方波响应

① 建立电路如图 5-6 所示。激励信号为方波，取信号源库中的时钟信号，其峰峰值即 Voltage 参数的值，为 10V，频率为 1kHz。

图 5-6　RC 电路的方波响应

② 启动仿真程序，展开示波器面板。触发方式选择自动触发（Auto），设置合适的 X 轴刻度、Y 轴刻度。调节电平（Level），使波形稳定。

③ 观察 $u_C(t)$ 的波形，测试时间常数。通道 B 的波形即为 $u_C(t)$ 的波形。为了能较为精确地测试出时间常数 τ，应将要显示段波形的 X 轴方向扩展，即将 X 轴刻度设置减小，如图 5-7 所示。将鼠标指向读数游标的带数字标号的三角处并拖动，移动读数游标的位置，使游标 1 置于 $u_C(t)$ 波形的零状态响应的起点，游标 2 置于 $U_{B1}-U_{B2}$ 读数等于或者非常接近于 6.32V 处，则 T_1-T_2 的读数即为时间常数 τ 的值。

图 5-7　测量 τ 的波形图

④ 改变方波的周期 T，分别测试比较 T 为 20τ，10τ，2τ，0.2τ 时 $u_C(t)$ 的变化。

2）研究二阶 RLC 串联电路的方波响应

① 按图 5-8 所示建立电路。激励信号取频率为 5kHz 的时钟信号。

图 5-8　RLC 串联电路的方波响应

② 启动仿真程序，调节电位器 R 的数值，用示波器测试观察欠阻尼、临界阻尼和过阻尼三种情况下的方波响应波形，并记录下临界阻尼时的电位器 R 的数值。

③ 用示波器测量欠阻尼情况下响应信号的 T_d、U_{m1}、U_{m2} 的值，计算出振荡角频率 ω

和衰减系数 α。

（6）注意事项

① 仪器连接时，示波器的接地引线端应与接地图标相连接。

② 用虚拟示波器测试过程中，如果波形不易调稳，可以用 Multisim 主窗口右上角的暂停（Pause）按钮，或者在 Analysis/Analysis Options/Instruments 对话框中设置 Pause after each semen（示波器满屏暂停）使波形稳定；但当改变电路参数再观察波形时，应重新启动仿真程序。

③ 在测量时间常数时，必须注意方波响应是否处在零状态响应和零输入响应 $\left(\dfrac{T}{2} > 5\tau\right)$ 的状态。否则，测得的时间常数是错误的。

（7）实验报告

① 作出各电路的波形曲线。

② 列出各电路所要求测试的数据并分析测试结果。

5.2.3　电阻温度计设计

（1）实验目的

① 练习利用计算机仿真进行电路设计、制作和调试的能力。

② 掌握电桥测量电路的原理与方法。

③ 了解非电量转化为电量的实现方法。

（2）实验原理与要求

图 5-9 所示为一电桥测量电路。其中 G 是检流计。

检流计两端电压为

$$U = \frac{R_2 R_X - R_1 R_3}{(R_1 + R_2)(R_X + R_3)} U_S$$

当 $R_2 R_X = R_1 R_3$ 时，电桥平衡，检流计指示为零。

此时，$R_X = \dfrac{R_1 R_3}{R_2}$。当电桥平衡条件被破坏时，就会有电流流过检流计，且电流的大小随电阻阻值 R_X 而变化。利用电桥这一特性可以制成电阻温度计。

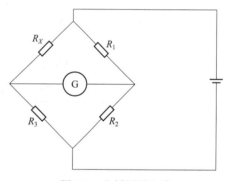

图 5-9　电桥测量电路

取 R_X 为一热敏电阻，其阻值随温度的变化而变化，通过检流计的电流随 R_X 的变化而变化，即随温度 t 的变化而变化，从而将温度 t 这一非电量转变为电流 I 这一电量。将这一电量测量显示，根据温度与电量的关系标定指示刻度，就可以制作出温度计。除此之外，当 R_X 分别为压敏电阻、湿敏电阻、光敏电阻时，也可以制成压力计、湿度计、照度计等测量仪器。其用途十分广泛。

要求利用电桥测量原理制作一只电阻温度计。

（3）实验仪器设备

① 直流稳压电源 1 台或电池 1 节；

② 电流表头 1 只（建议使用 $100\mu A$ 电流表头）；

③ 热敏电阻 1 只；

④ 电阻若干；

⑤ 计算机；

⑥ Multisim 仿真软件 1 套。

（4）实验内容

① 实验电路设计。按电桥测量电路设计合理的电路温度计测量电路，R_X 选用热敏电阻 R_T。

② 电路仿真。利用 EWB 对所设计电路进行仿真，调整确定器件参数。图 5-10 是一个可能的选择。

图 5-10　仿真电路图

③ 硬件连接。根据仿真确定的电路和器件进行电路连线，制成满足要求的电路。

④ 调整测试。进行实际测量，记录所测量数据并与仿真的计算数据比较。

⑤ 利用设计的电路及测量的数据改制、标定温度表刻度，电阻温度计即制作完成。

⑥ 用水银温度计作标准，以一杯开水逐渐冷却的温度作测试对象，对自制的温度计误差进行调试。

（5）预习要求与实验报告

① 预习电桥测量电路工作原理。

② 选择合适的器件及仪器。画出实验电路，列出所有器件清单。

a. 用 100μA 电流表头作温度显示时，表头中"0"代表温度 0℃，"100"代表温度 100℃。

b. 热敏电阻 R_T 与温度的对应关系见表 5-5。

表 5-5　热敏电阻 R_T 与温度的对应关系

$T/℃$	0	10	20	30	40	50	60	70	80	90	100
R_T/Ω	3000	1850	1180	800	550	350	240	180	140	110	80

③ 写出各电路的仿真结果和实测结果（表格或波形）。

④ 简述实验设计中各参数选取的依据，以及调试中遇到问题的解决思路和方法。

⑤ 总结收获和体会。

5.2.4　受控源设计

（1）实验目的

① 了解运算放大器的应用及选择线性工作范围的方法。

② 加深对受控源的理解。

③ 掌握由运算放大器组成各种受控源电路的原理和方法。

④ 掌握受控源特性的测量方法。

（2）实验原理及要求

运算放大器与电阻元件组合，可以构成四种类型的受控源。实验要求应用运算放大器构成四种受控源。

1）电压控制电压源（VCVS）　由运算放大器构成的 VCVS 电路如图 5-11 所示。

由运算放大器输入端"虚短""虚断"特性可知，输出电压

$$U_2 = -\frac{R_f}{R_1}U_1$$

即运算放大器的输出电压 U_2 受输入电压 U_1 的控制。

转移电压比为

$$\frac{U_2}{U_1} = -\frac{R_f}{R_1}$$

该电路是一个反相比例放大器,其输入与输出有公共接地端,这种连接方式为共地连接。

2) 电压控制电流源(VCCS)　由运算放大器实现的 VCCS 电路如图 5-12 所示。

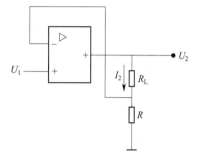

图 5-11　电压控制电压源　　　　　　　　　　图 5-12　电压控制电流源

根据理想运算放大器"虚短""虚断"特性,输出电流为

$$I_2 = \frac{U_1}{R}$$

即 I_2 只受输入电压 U_1 控制,与负载 R_L 无关(实际要求 R_L 为有限值)。

该电路输入、输出无公共接地点,这种连接方式称为浮地连接。

3) 电流控制电压源(CCVS)　由运算放大器组成的 CCVS 电路如图 5-13 所示。

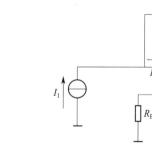

图 5-13　电流控制电压源　　　　　　　　　　图 5-14　电流控制电流源

根据理想运算放大器"虚短""虚断"特性,可推得

$$U_2 = -I_1 R_f \propto I_1$$

即输出电压 U_2 受输入电流 I_1 的控制,转移电阻为 $-R_f$。

4) 电流控制电流源(CCCS)　运算放大器构成的 CCCS 电路如图 5-14 所示。

根据"虚短""虚断"特性可知

$$I_{id} = 0, \quad I_1 = -I_f$$
$$(I_2 - I_f)R = I_f R_f$$

$$I_f = \frac{R}{R+R_f} I_2 = -I_1$$

$$I_2 = -(\frac{R+R_f}{R}) I_1 = -(1+\frac{R_f}{R}) I_1$$

即输出电流 I_2 只受输入电流 I_1 的控制，与负载 R_L 无关。

转移电流比为

$$\frac{I_2}{I_1} = -(1+\frac{R_f}{R})$$

（3）实验仪器设备

① 双路稳压电源 1 台；

② 可调电压源 1 台；

③ 可调电流源 1 台；

④ 万用表 1 块；

⑤ 运算放大器 2 个；

⑥ 电阻箱 1 个；

⑦ 计算机；

⑧ Multisim 仿真软件 1 套。

（4）实验内容

1）测量电压控制电压源（VCVS）特性

① 设计电路，并选择合适的器件参数。

② 电路仿真。利用 EWB 对所设计电路进行仿真，调整器件参数。

③ 硬件连接。根据仿真确定的电路和器件进行电路连接，制作成满足要求的电路。

④ 测试调整。进行实际测量，自行给定 U_1 值，测试 VCVS 的转移特性 $U_2 = f(U_1)$，设计数据表格并记录。

2）测试电压控制电流源（VCCS）特性

① 设计电路，并选择合适的器件参数。

② 电路仿真。利用 EWB 对所设计电路进行仿真，调整器件参数。

③ 硬件连接。根据仿真确定的电路和器件进行电路连接，制作成满足要求的电路。

④ 测试调整。进行实际测量，自行给定 U_1 值，测试 VCCS 的转移特性 $I_2 = f(U_1)$，设计数据表格并记录。

3）测试电流控制电压源（CCVS）特性

① 设计电路，并选择合适的器件参数。

② 电路仿真。利用 EWB 对所设计电路进行仿真，调整器件参数。

③ 硬件连接。根据仿真确定的电路和器件进行电路连接，制作成满足要求的电路。

④ 测试调整。进行实验测量，自行给定 I_1 值，测试 CCVS 的转移特性 $U_2 = f(I_1)$，设计数据表格并记录。

4）测定电流控制电流源（CCCS）特性

① 设计电路，并选择合适的器件参数。

② 电路仿真。利用 EWB 对所设计电路进行仿真，调整器件参数。

③ 硬件连接。根据仿真确定的电路和器件进行电路连接，制作成满足要求的电路。

④ 测试调整。进行实际测量，自行给定 I_1 值，测试 CCCS 的转移特性 $I_2 = f(I_1)$，设

计数据表格并记录。

（5）预习要求与实验报告

① 复习运算放大器的原理及分析应用方法。

② 复习受控源的分析方法。

③ 选择测试仪器（以便用来测试 I_1、I_2、U_1、U_2 等）以及其他设备。

④ 简述实验原理、目的。画出各实验电路，整理实验数据。

⑤ 用所测数据计算各受控源参数，并与理论值进行比较，分析误差原因。

⑥ 总结运算放大器的特点以及此次实验的体会。

（6）注意事项

① 运算放大器输出端不能对地短路。

② 输入电压不能过高（小于 2V），输入电流不能过大（几十至几百微安）。

③ 运算放大器的电源正负极性和管脚不能接错。

5.2.5　感性负载断电保护电路设计

（1）实验目的

① 掌握感性负载的工作特性，了解其断电保护在工程上的意义。

② 培养理论联系实际的能力。

③ 训练提高利用计算机仿真软件设计电路的能力。

④ 培养独立设计实验和分析总结（报告）的能力。

（2）实验原理与要求

从理论上讲，电感在正常情况下发生断路时，电感电流不能发生跃变。但是对于图 5-15 所示的简单的感性负载电路来讲，当直流激励的感性负载支路突然断电时，电杆电路从非零值变为零，电感上会感应出极高的电压。此时，如果没有专门的续流电路，电感电路不能在开关触点分离瞬间立即下降为零，而要穿过触点的气隙持续一段时间，从而形成气体导电而出现电弧。即电弧是由触点断开时，电路中电感负载感应高压击穿触点气隙，使空气成为电流的通路而产生的现象。

图 5-15　简单感性负载电路　　　　　　　图 5-16　带断电保护的感性负载电路

电弧和火花会烧坏开关触点，大大降低触点的工作寿命。它还会产生强大的电磁干扰，破坏其他电气设备的正常工作，严重时还会危及人身安全，造成很大的危险。

断电保护电路是消除感性负载断电危险的一个有效措施，如图 5-16 所示。

断电保护电路的设计原则是当负载正常工作时，保护电路不工作，对原电路尽量不产生影响。一旦负载断电，保护电路可提供一个感性负载的放电回路，亦称为续流通路，续流电路将电路中储存的磁场能量以其他能量形式消耗掉，使电感电流不出现过大变化，从而保证电感两端不产生过高的电压，避免断电时发生危险。通常，可以选择阻值合适的电阻或利用二极管的单向导电性构成保护电路。

　　要求设计至少一种感性负载的断电保护电路。

　　（3）实验仪器设备

　　① 双路稳压电源 1 台；

　　② 感性负载 1 个；

　　③ 数字万用表 1 块；

　　④ 电阻若干；

　　⑤ 二极管 1 只；

　　⑥ 计算机；

　　⑦ Multisim 仿真软件 1 套。

　　（4）实验内容

　　① 电路设计。画出设计线路，选择确定电路元件及参数。

　　② 理论分析。从理论上分析所设计电路的断电保护的原理。

　　③ 电路仿真。利用 Multisim 对所设计电路进行仿真，调整确定器件参数。

　　a. 加保护前的电感电流波形分析；

　　b. 加保护后的电感电流波形分析；

　　c. 保护电路取不同参数情况下的保护效果；

　　d. 选择合理的保护电路参数并说明原因。

　　④ 硬件连接。根据仿真确定的电路和器件进行电路连接，构成满足要求的电路。

　　⑤ 测试调整。选择合适的直流电源输入，验证所设计的断电保护电路对感性负载的保护作用。测试相关数据并记录于表格。

　　（5）预习要求与实验报告

　　① 复习所用的基本理论，确定设计的基本思想。

　　② 选择实验所用测量仪表仪器及其他设备。

　　③ 实验前拟好实验数据记录表格及实验步骤。

　　④ 综述设计原理，画出各实验电路图，整理实验数据。

　　⑤ 写出实测过程报告，并分析总结实测结果。

　　⑥ 总结对该实验的体会。

　　（6）注意事项

　　选择电源电压及器件参数时，要注意考虑器件的额定电流和额定功率。

附录　仿真软件 Multisim 简介

　　Multisim 是加拿大 Electronics Workbench 公司研制的虚拟电子工作台电路分析与仿真软件，可进行原理图或硬件描述语言的输入，模拟和数字电路分析、仿真和设计。

　　Multisim 的突出特点是图形界面直观，可在计算机屏幕上模仿出真实实验室的工作台，提供虚拟仪器测量和元件参数实时交互方法；可以方便地调用各种仿真元器件模型，创建电路，执行多种电路分析功能；软件仪器的控制面板外形和操作方式都与实物相似，可以实时显示测量结果，并可以交互控制电路的运行与测量过程。

　　Multisim 的基本操作如下。

一、Multisim 软件界面

　　（1）主窗口

　　双击桌面上的图标　　　　　启动 Multisim，可见其主窗口是由菜单栏、常用工具栏、元件选取按钮、仪器选取按钮、原理图编辑窗口、分析图形窗口等组成，如图 F-1 所示。

图 F-1　Multisim 的主窗口

　　其中最大的区域是编辑窗口，可进行电路的连接和测试。编辑窗口的上面和两侧是命令菜单栏、仪器工具栏、元件工具栏和虚拟仪器工具栏。

（2）命令菜单栏

菜单栏在主窗口的最上方，如图 F-2 所示，每个菜单都有一个下拉菜单。

File Edit View Place Simulate Transfer Options Help

图 F-2　主窗口菜单栏

① File 中包含电路文件的创建、保存、打印、最近打开过的文件记录、退出等命令；

② Edit 主要包含原理图编辑（剪切、复制、粘贴、删除、全选）、元件的旋转及元件特性的编辑等命令；

③ View 用于确定仿真界面上显示的内容以及电路图的缩放；

④ Place 提供在电路窗口内放置元件、连接点、总线和文字、子电路操作等命令，利用工具栏中提供的按钮可以更方便地放置元件；

⑤ Simulate 提供电路仿真、仿真参数设置等操作命令，其中的命令及功能如下。

- Run　　　　　　　　　　　　运行仿真开关
- Pause　　　　　　　　　　　暂停仿真
- Default Instrument Settings...　　打开预置仪表设置对话框
- Digital Simulation Settings...　　选择数字电路仿真设置
- Instruments　　　　　　　　选择仿真仪表
- Analyses　　　　　　　　　选择仿真分析法
- Auto Fault Option...　　　　自动设置电路故障

⑥ Transfer 提供将电路仿真结果传递给其他软件（如 Ultiboard）处理的命令；

⑦ Options 用于定制电路的界面和电路某些功能的设定；

⑧ Help 提供软件的操作说明、仿真元件模型的说明等有用信息。

（3）元件工具栏

元件工具栏由 14 个元件库按钮组成，从主窗口可以看出，元件工具栏通常放置在工作窗口的左边，也可以任意移动这一系列按钮到主窗口中其他位置。图 F-3 显示水平放置的元件库工具栏。

图 F-3　元件工具栏

这 14 个元件库按钮从左到右分别是：Sources 电源库、Basic 基本元件库、Diodes Components 二极管库、Transistors Components 晶体管库、Analog Components 模拟集成电路库、TTL 器件库、CMOS 器件库、Misc. Digital Components 其他数字器件库、Mixed Components 混合器件库、Indicators Components 指示器件库、Misc. Components 其他器件库、Controls Components 控制器件库、RF Components 射频元件库、Electro-Mechanical Components 机电类器件库。

元件工具栏中一个库按钮可以打开一组仿真元件模型输入工具按钮，利用其中的按钮可以向工作区放置元件。

（4）仪器工具栏

Multisim 提供虚拟仪器仪表用来监测和显示分析的结果，仪器工具栏中的按钮用来向工作区中放置虚拟仪器。该工具栏含有 8 种仪器仪表，如图 F-4 所示。

图 F-4 仪器工具栏

从左到右是 Multimeter 数字万用表、Function Generator 函数信号发生器、Wattmeter 瓦特表、Oscilloscope 示波器、Bode Plotter 波特仪、Word Generator 字信号发生器、Logic Analyzer 逻辑分析仪、Logic Converter 逻辑转换仪。

二、Multisim 仿真元件模型

Multisim 提供的元器件库，可以从主窗口的元件工具栏中选取。主要元器件库中的元器件模型如表 F-1～表 F-6 所示，在 Multisim 提供的元器件模型中，有些同时有两类模型。一类用于电路设计过程，元器件模型参数与实际元器件具体型号相对应，具有生产厂家提供的典型值或标称值，不能单独调整。Multisim 提供了各种有型号器件模型数据库，在网站上提供数据库更新，用户可以增加新元件或修改数据库中元件模型，以适应设计需要。另一类元器件称为虚拟器元件，在元件工具栏中用绿色图标表示。虚拟器元件不与具体实际元器件型号对应，只是提供一个通用模型，在电路中不同实例的所有参数皆可以单独修改。虚拟元器件适用于一般理论分析和电路仿真，本课程中一般宜采用该种模型。

表 F-1 信号源元件

	模拟接地		电压控制电流源		方波电压源
	直流电压源		电流控制电压源		方波电流源
	直流电流源		电流控制电流源		指数波电压源
	交流电压源		时钟源		指数波电流源
	交流电流源		调幅电源		分段线性电压源
	电压控制电压源		调频电源		分段线性电流源

表 F-2 基本元件

	虚拟电阻		虚拟线性变压器		虚拟电位器
	虚拟电容		虚拟继电器		虚拟可调电容
	虚拟电感		开关		虚拟可调电感

表 F-3　二极管

	虚拟二极管		虚拟稳压二极管		发光二极管		全波整流桥

表 F-4　模拟集成电路

	虚拟三端运算放大器		虚拟五端运放
	虚拟七端运放		虚拟比较器

表 F-5　指示器件

	电压表		灯泡		蜂鸣器
	电流表		虚拟灯泡		彩色指示灯

表 F-6　控制器件

	电压微分器		电压比例模块		乘法器
	电压积分器		传递函数模块		三端加法器

三、电路分析与仿真的主要步骤

① 建立电路；

② 调整元件参数；

③ 连接仪器进行虚拟测量；

④ 设定分析功能和选项后对电路进行分析。

下面用一个例子简要说明该过程：

首先放置元件。按主菜单 "View" 出现下拉菜单，选中 "Toolbars"，选择 "Components"，则显示出元件工具栏，按其中的 ≣ 按钮打开信号源元件工具栏。选择图标 ⊕，用鼠标在电路工作区适当的位置单击，即可以放置一个交流电压源 V1，再选择图标 ⏚，在工作区中放置接地符号。然后，按元件工具栏中的 ⽗ 按钮，打开基本元件工具栏，选择虚拟电阻 ⽗ 和虚拟电容 ⊩ 元件模型，放置到电路区中。下一步是放置导线，连接元件。用鼠标单击 V1 上面端子，然后将鼠标移向要连接的 R1 左端子。在此过程中，显示虚线在 R1 的左端单击，完成该条导线的连接。用同样方法，连接 R1 右端与 R2 上端。只要把连接线的终点放到已有导线上即可。用类似方法完成整个电路的连接，如图 F-5 所示。

在编辑窗口中单击鼠标右键，在菜单中选择 "Show…" 菜单项，在弹出的对话框中，选中 "Show node names"，在电路图中显示出节点标号或名称。注意，其中接地节点的标号固定为 0。

然后设置元件参数。每个仿真元件都有若干属性或参数，可以根据分析或仿真的要求调整。双击图 F-5 中 V1 的电压源符号，弹出图 F-6 所示元件属性对话框。本例给电压源加上直流偏移电压（Voltage Offset）1V。

图 F-5　连接电路

图 F-6　元件属性对话框

　　Multisim 接受用图形方式输入的电路，从中提取出分析电路所需要的元件参数和元件连接关系，自动建立电路方程。软件对电路分析的结果以两种形式显示：一是将指定分析项目的计算完成的结果变量以数值和曲线的方式给出，例如节点电压、元件电流、响应曲线等，在软件中称为分析（Analysis）；另外一种形式是不断进行多次选定的分析计算，将计算结果实时显示在电路中连接的虚拟仪器上，软件中称为仿真（Simulation）。

　　为了仿真电路，首先在电路中连接适当的仪器。在主菜单栏单击"View"，显示"Toolbars"，选择"Instruments"，则显示仪器工具栏，如图 F-4 所示。如果要测量图 F-5 电路中 R2 电阻两端交流电压，可以在仪器工具栏中选择 █ 图标，在编辑窗口中单击放置一个数字万用表，然后，用导线将数字万用表图形的连接端与 R2 的两个端点相连，如图 F-7 所示。双击数字万用表接线图标，打开其面板，在面板中选定电压测量和交流按钮，此时电压测量仿真已经准备好。按下编辑窗口右上角的仿真开关，电路仿真开始，电压显示在数字万用表上，如图 F-7 所示。设定万用表为直流挡，也可以测量出 R2 上的直流电压。

图 F-7　电压仿真测量

四、虚拟仪器的使用

　　本课程中要用到的虚拟仪器为五种模拟测量仪器，它们在仪器工具栏中的图标及对应的仪器名如表 F-7 所示。

表 F-7　虚拟仪器

	数字万用表		函数信号发生器		功率表
	示波器		波特仪		

（1）数字万用表（Multimeter）

数字万用表的量程可以自动调整，图 F-8 是其接线图标和面板。

XMM2

接线端子

万用表图标

Multimeter-...

107.206 mV ——测量读数

A　V　Ω　dB ——挡位切换

—— 交流/直流切换

Set... ——参数设置按钮

图 F-8　万用表图标及打开的面板

数字万用表的更多参数，包括电压和电流挡的内阻、电阻挡的电流和分贝挡的标准电压值，都可以任意设置。从打开的面板上选 Setting 按钮，即可以设置这些参数。

（2）示波器（Oscilloscope）

示波器为双踪式，其接线图标如图 F-9 所示。

当双击该图时，可以展开示波器面板显示，见图 F-10。

示波器与被测电路的连接方法是：将示波器图标上的端子与电路测量点相连接，其中 A 和 B 为通道号，G 是接地端，T 是外触发端。一般可以不画接地线，

G ——接地端
T ——触发信号输入端
A 通道输入端　B 通道输入端
图 F-9　示波器接线图标

其默认是接地的，但电路中一定需要接地。示波器的设置包括以下几个方面：

1）Timebase 区　用于设置 X 轴方向时间基线的扫描时间。

① Scale：选择 X 轴方向刻度代表的时间。单击该栏后将出现刻度翻转列表，根据所测试信号频率的高低，上下翻转选择适当的值。

② X position：表示 X 轴方向时间基线的起始位置，修改其设置可使时间基线左右移动。

③ Y/T：表示 Y 轴方向显示 A、B 通道的输入信号，X 轴方向显示时间基线，并按设置时间进行扫描。当显示随时间变化的信号波形（例如三角形、方波及正弦波等）时，常采用此种方式。

④ B/A：表示 A 通道信号为 X 轴扫描信号，B 通道信号施加在 Y 轴上。

⑤ A/B：与 B/A 相反。

以上两种方式可用于观察李沙育图形。

⑥ Add：表示 Y 轴方向显示 A、B 通道的输入信号之和。

2）Channel A 和 Channel B 区　用于设置 Y 轴方向 A 通道、B 通道输入信号的标度。

① Scale：表示 Y 轴方向对通道输入而言每格表示的电压值。单击该栏将出现刻度翻转列表，根据所测试电压的大小，选择适当的值。

② Y position：表示时间基线在显示屏幕中的上下位置。当其值大于零时，时间基线在

图 F-10　示波器面板

屏幕中线上侧，反之在下侧。

③ AC：表示屏幕仅显示输入信号中的交变分量（相当于实际电路中加入了隔直流电容）。

④ DC：表示屏幕将信号的交直流分量全部显示。

⑤ 0：表示将输入信号对地短路。

3）Trigger 区　示波器触发方式设置

① Edge：表示将输入信号的上升沿或下跳沿作为触发信号。

② Level：用于设置触发电平。

③ Sing.：选择单脉冲触发。

④ Nor.：选择一般脉冲触发。

⑤ Auto：表示触发信号不依赖外部信号。一般情况下选择这种方式。

选择 A 或 B，表示 A 通道或 B 通道的输入信号作为同步调轴时基扫描的触发信号；选择 Ext，是指用示波器图标上触发端子连接的信号作为触发信号来同步调轴时基扫描。

4）示波器输入通道设置　示波器有两个完全相同的输入通道 A 和 B，可以同时观察测量两个信号。面板图中"××V/Div"为放大、衰减开关（或"××mV/Div""××μV/Div"），表示在屏幕的 Y 轴方向上每刻度相应的电压值；"Y position"表示时间基线在显示屏幕中的上下位置。

5）波形参数的测量　在图 F-10 屏幕上有两条左右可以移动的读数游标，游标上方有三角形标志，通过鼠标左键可拖动游标左右移动。在显示屏幕下方，有三个测量数据的显示区。

左侧数据区表示 1 号游标所指信号波形的数据。T1 表示 1 号游标离开屏幕最左端（时基线零点）所对应的时间，时间单位取决于"Timebase"设置的时间单位；VA1 和 VB1 分别表示 A 通道、B 通道的信号幅度值，其值为电路中测量点的实际值，与"放大、衰减开关"设置值无关。

中间数据区表示 2 号游标所在位置测得的数值。T2 表示 2 号游标离开时基线零点的时间值。

在右侧数据区中，T2-T1 表示 2 号游标所在位置与 1 号游标所在位置的时间差值，可用来测量信号的周期、脉冲信号的宽度、上升和下降时间等参数；VA2-VA1 表示 A 通道信号两次测量值之差，VB2-VB1 表示 B 通道信号两次测量值之差。

为了测量方便准确，单击 Pause（或 F9 键）使波形"冻结"，然后再测量。

6）信号波形显示颜色的设置　只要将 A 和 B 通道连接导线的颜色进行设置，显示波形的颜色便与导线的颜色相同。方法是右键单击连接导线，在弹出的对话框中，对导线颜色进行设置。

7）改变屏幕背景颜色　单击展开面板右下方的 Reverse 按钮，即可改变屏幕背景的颜色。如要将屏幕背景恢复为原色，再单击一次 Reverse 按钮即可。

8）波形读数的存储　对于读数指针测量的数据，单击展开面板右下方 Save 按钮即可将其存储。数据是按 ASCII 码格式存储的。

9）波形的移动　动态显示时，在单击 Pause（暂停）按钮或按 F9 键后，均可通过改变"X position"设置来左右移动波形；利用鼠标器拖动显示屏幕下沿的滚动条，也可左右移动波形。

（3）函数信号发生器（Function Generator）

函数信号发生器用来产生正弦波、三角波和方波，其图标和面板如图 F-11 所示。

图 F-11　函数信号发生器接线和面板

信号发生器能够产生 0.1Hz～999MHz 的三种信号，信号幅度可以在毫伏级～999kV 之间设置。对三角波、方波，可以设置其占空比（Duty Cycle）大小，设定范围为 0.1%～99%。偏置电压设置（Offset）是指把正弦波、三角波、方波叠加在设置的直流偏置电压上输出。

函数信号发生器的"＋"端子与 Common 端子（公共端）输出的信号为正极性信号（必须把 Common 端子与公共地 Ground 符号连接），而"－"端子与 Common 端子之间输出负极性信号。两个信号极性相反，幅度相等。

使用该仪器时，信号既可以从"＋"或"－"端子与 Common 端子之间输出，也可以从"＋""－"端子之间输出。需注意的是，必须有一个端子与公共地相连接。

　　在仿真过程中，如要改变输出波形类型、大小、占空比或偏置电压，必须暂时关闭电子工作台电源开关。在对上述内容改变后，重新启动一次"启动/停止"开关，函数信号发生器才能按新设置的数据输出信号波形。

　　（4）功率表（Wattmeter）

　　功率表又称瓦特表，用来测量电路的平均功率，其接线图和显示面板如图 F-12 所示。注意，在接线时要同时测量元件或电路的电压和电流。功率计在测量功率时同时测量电压与电流的相位差，给出功率因数值。

图 F-12　功率表接线图标和面板

参考文献

［1］　邱关源．电路．4 版．北京：高等教育出版社，1999.

［2］　陈同占．电路基础实验．北京：清华大学出版社，北京交通大学出版社，2003.

［3］　杨芳春，等．电工原理．北京：煤炭工业出版社，1996.

［4］　戴伏生．基础电子电路设计与实践．北京：国防工业出版社，2002.

［5］　秦曾煌．电工学．5 版．北京：高等教育出版社，1999.

［6］　张民．电路基础实验教程．济南：山东大学出版社，2005.

［7］　孙桂瑛，齐凤艳．电路实验．哈尔滨：哈尔滨工业大学出版社，2002.

［8］　张维中，龚绍文．电路实验．北京：北京理工大学出版社，1997.

［9］　王澄非．电路与数字逻辑设计实践．南京：东南大学出版社，1999.

［10］　杨育霞，章玉政，胡玉霞．电路实验：操作与仿真．郑州：郑州大学出版社，2003.

［11］　王廷才，赵德申．电工电子技术 EDA 仿真实验．北京：机械工业出版社，2009.

［12］　汪健．电路实验．武汉：华中科技大学出版社，2003.

［13］　钱克猷，江维澄．电路实验技术基础．杭州：浙江大学出版社，2000.

［14］　赵会军，王和平．电工与电子技术实验．北京：机械工业出版社，2002.

［15］　杨建昌．基础电路实验．北京：国防工业出版社，2002.

［16］　吴新开，于立言．电工电子实验教程．北京：人民邮电出版社，2002.

［17］　韩广兴．常用仪表的使用方法．北京：电子工业出版社，2002.

［18］　李桂安．电工电子实践初步．南京：东南大学出版社，1999.